JN050120

人もペットも幸せになれる72のヒント

人とペットの赤い糸

越村義雄

Gakken

○はじめに

２０１７年10月から２０２０年1月まで、２年４か月にわたって毎週木曜日、『夕刊フジ』紙上で「人とペットの赤い糸」という連載コラムを担当させていただきました。

本書はその中から、ペットと幸せに暮らすためにお伝えしたい72話を厳選し、次のような方々にお読みいただけたらと考えております。

①現在ペットと暮らしていて、人とペットのＱＯＬ（生活の質）を高めたいと考えている方
②これからペットを家族として迎えたいと希望している方
③ペットと暮らすべきかどうか迷っている方
④ペットを失いペットロスになり、もうペットと暮らすことは断念したほうがよいと考えている方
⑤家族関係をよくしたいと考えている方
⑥高齢なので、ペットと暮らすのはあきらめたほうがよいと考えている方

⑦子どもの情操教育のためにペットは有効なのか疑問をお持ちの方
⑧充実した生活を送ってみたい方
⑨健康寿命を延ばしたいと考えている方
⑩ペットといっしょに幸せに暮らしたいと考えている方

私は大学卒業後、ＮＴＴ系列の海外コンサルティングの会社に勤め、１９７８年６月に外資系ペットフードメーカーへ転職し、日本支社の社長やアジア太平洋地域の社長を務めたあと、２００９年５月からペットフード協会とペットフード公正取引協議会の両会長を３期６年務めました。

ペットフード協会会長のとき、「人とペットの豊かな暮らしフェア」をめざし、日本で最大のペットの展示会「インターペット」をメッセフランクフルト ジャパン株式会社と立ち上げました。業界の垣根を超えさまざまな国内外の企業、団体からご出展いただいています。

また、ペットフード協会で３つの資格試験を創設しました。ペットフード安全法を遵守するために「ペットフード安全管理者」、一般の飼い主の方向けにペットの健康な体をつくるペットフードの知識習得とマナー向上のために「ペットフード・ペットマナー検定」、ペットフードの販売に携わる方々のために「ペットフード販売士」の資格試験を確立いたしました。

さらに、ペットの健康維持のため、ペットフードのことを考えてもらう「ペットフードの日」を毎月20日に選定しました。

外資系ペットフードの会社を退職後、私自身の会社として、人とペットの幸せ創造協会、国際ビジネスコンサルティング株式会社、ワールド・ヘルスケア株式会社を立ち上げ、事業を行っております。現在は、ペットフード協会の名誉会長を拝命しています。

40年以上にわたり、ペット関連業界に身を置いて参りましたが、『夕刊フジ』のペットに関する連載コラムのご依頼を受けたときに、「人とペットの赤い糸」という題名にしました。

その理由は、私の今までの経験が読者の皆様にお役に立てたらとの想いからでした。これまで、アジア太平洋地域、北米、南米、ヨーロッパ、中東を含み、国内外のさまざまな動物愛護・福祉施設、シェルター・ティアハイム（動物保護施設）、動物病院、ペット専門店、ブリーダーの施設、高齢者が一生ペットと暮らせる高齢者住宅、障害をお持ちのお子さんが動物と暮らすことにより元の学校に戻れる厚生施設などを多く視察した経験、国内外の人と会ってペットの関係学会および獣医学会などに参加して得た有益な情報を元に、人とペットの素晴らしい関係を皆様にお伝えできたらと考えたのです。

連載終了後、私がお世話になっている獣医師の先生方、動物愛護・福祉活動に携わってこられた方々、また私の友人・知人たちからも、「人とペットの赤い糸」の書籍化のご要望が寄せられ、このたび発刊されることになりました。

本書が皆様のペットとの暮らしのお役に立ち、人とペットの関係をお考えいただくヒントとなればこの上ない幸せでございます。

皆様にとって、運命の赤い糸により、ペットとの素晴らしい出会いがあり、同時に、人とペットの関係がいつまでも固く結ばれる関係でありますように!

一般社団法人　人とペットの幸せ創造協会　会長
一般社団法人　ペットフード協会　名誉会長

越村義雄

目次

介助犬

第1章　ペットと暮らす

犬と人が快適に暮らせる家とは？

犬と暮らす家にはどのような配慮が必要か

犬は昔から伴侶動物として人とともに暮らしてきました。伴侶動物であるからこそ、家は犬にも人にも快適な場所であることが重要です。犬と暮らす際には、次のような点に配慮しましょう。

①犬は人と同じように歩くことが健康につながる。床が硬く滑りやすいフローリングだと、長く歩いているうちに肉球を傷つけたり、椎間板《ついかんばん》ヘルニアや膝蓋骨脱臼《しつがいこつだっきゅう》（パテラ）などの疾病を誘発したりする場合も。じゅうたんやコルク材、適度なクッション性を備えた床材を使用するなど工夫する。また、床暖房で脱水症状を起こす犬もいる。犬は暑さに弱いので、涼しい環境をつくる。庭に芝生を敷き、小さな丘をつくっ

てあげれば、足の健康にもよい理想的なドッグランになる。

②足の細いトイプードルなどの犬は骨折しやすいので、体に負担をかけないように、階段はできるだけゆるやかにする。床を滑りにくいコルク張りにするのもおすすめ。高齢者や妊産婦にとっても安全な配慮になる。

③玄関のドアが開くと犬が外に出ていってしまう場合があるので、ペットフェンスなどを設けてブロックする。２０２０年のペットフード協会の調査によると、日本の犬の55・6％が7歳以上で高齢化が進んでおり、認知症を発症したり、トイレができなくなったりする犬も多くなりつつある。フェンスで囲って対策するのもよい。

④浴室で犬が誤って溺死する事故が報告されている。また、シャンプーやリンスなどの誤飲もあるので、浴室のドアは閉めておくようにしたい。

⑤バルコニーに隙間があると落下するケースもあるので対策をする。

⑥犬が食べると危険な植物があるので、庭や植木鉢の植物に注意する。アイビーやポトス、モンステラ、アサガオの種、チューリップ、ユリなどに気をつける。

⑦フードや飲み水の置き場は、ペットが自由に安心して食べたり飲んだりできるように、静かで落ち着けるスペースを確保する。

⑧トイレスペースはできるだけ人に見られない場所に設置し、安心して排泄ができるようにする。
⑨コンセントやコードを舐めたりかじったりすることがないよう、カバーをする。
⑩閉め切った空間では、ハウスダストやダニなどが繁殖しやすいので、こまめに換気を行う。
⑪散歩後は、外からさまざまな菌を持ち帰るので、足の洗い場をつくっておく。水洗いしたあと、犬にやさしい除菌スプレーなどをするとより安心。
⑫外を眺めるのが大好きな犬のために、見晴らし窓があれば、飽きずに留守番もできる。
⑬キッチンには犬にとって危険物が多いので、入れないようにする。
⑭部屋にカメラを設置すると、外出先でもスマートフォンでペットの様子を確認できる。

配慮したい点はさまざまありますが、専門家のアドバイスも求めながら家族で話し合い、ぜひ人と犬が快適に共生できる家づくりをめざしてください。

愛犬とキャンプを楽しむための10か条

キャンプでペットと強い信頼関係を築くには？

近年のキャンプブームにより、愛犬と過ごせるキャンプ場も増えてきました。楽しいキャンプには準備や注意も必要です。愛犬とキャンプを楽しむ秘訣10か条を紹介しましょう。

①愛犬の社会化ができているかどうかをチェック。今までドッグランなどで、ほかのワンちゃんや人と触れ合った経験が十分にあるか確認を。キャンプが初めての場合は、近場へピクニックに連れていったり、ペットと泊まれる宿で２～３日過ごすなどの経験を積ませる。

②キャンプ場を選ぶ際は、まず犬を連れていけるかをチェック。また、常にリード

をつけなければならないかも確認する。キャンプ場の規則も事前に確認し、マナーを守ることが大切。

③キャンプ場には犬が苦手な人もいるので、愛犬が安易に近づかないように命令に従う訓練を事前にしておく。ヘビやクマなどを見つけた場合に近づいたりしない訓練、興味あるものをすぐに口にしない訓練も必要。海の水は絶対に飲ませないようにする。事前にプロの訓練士から訓練を受けるのもおすすめだ。

④狂犬病などの予防接種の証明書や、病歴を書いた紙を持っていく。夏は蚊も多く発生するので、事前にフィラリア予防もしておく。

⑤万が一、愛犬が逃げたり、いなくなったりしたときのことを考え、迷子札・鑑札、マイクロチップ（104ページ）は必ず装着しておこう。マイクロチップの情報が最新のものになっているかどうかも動物病院で確認しておく。

⑥持ち物としては次のような物を用意したい。

・口輪としてもすぐに使えるバンダナ
・ノミ・ダニ予防薬
・虫よけスプレー

・傷のケア・除菌のためのジェルやスプレー
・アウトドア用サークルとチェア
・毛布
・タオル
・ウエットティッシュ
・犬用の靴
・救急箱や常備薬
・ペットシーツ
・キャンプ場付近の動物病院の住所と電話番号、診察時間などを書いたメモ
・ドッグフードとペットボトルの水
・ふだん使っているベッド、クレート、おもちゃ

⑦キャンプ場に着いたら、管理人や近くでキャンプをしている人たちにあいさつをしておく。

⑧ゴミは基本的に持ち帰る。食べ残しのフードは必ずしまうように。クマなどの野生動物を引き寄せることになる。

⑨キャンプファイアやバーベキューの際には、火の粉が愛犬にかからないように注意する。
⑩熱中症対策（88ページ）もしっかりしておく。

ふだんの生活では味わえない自然の中でのキャンプ体験として、愛犬とかけっこして遊んだり、ウォーキング、スキンシップなどをしたりすれば、愛犬が生き生きとし、運動不足やストレスの解消にもつながります。飼い主にとっても愛犬にとっても素晴らしい思い出となり、信頼関係がより強いものとなるでしょう。

スポーツで犬といっしょに健康寿命を延ばそう

新しいスポーツ「ドッグプラー」に注目が集まる

犬といっしょに行うスポーツの競技人口は世界的に増加傾向にあります。日本で行われているおもなスポーツとしては、犬と人が障害物の設置されたコースを走る「アジリティ」競技（28ページ）や、人がフリスビー（ディスク）を投げてそれを犬がキャッチする「フリスビードッグ」競技（142ページ）などがあり、日本においても競技人口が年々増加しています。そんな中で、まだ競技人口は少ないものの、誰でも簡単に楽しく遊べて、超小型犬から超大型犬まで幅広く競技ができることで近年注目されているスポーツがあります。「DOG PULLER（ドッグプラー）」と呼ばれるものです。

犬と散歩する人は、犬と暮らしていない人と比べて健康寿命が延びることが、ペットフード協会による2014年の調査で明らかになっています（男性0・44歳、女性2・79歳延伸）。飼い主と犬が遊びを通じてお互いに体を動かすとともに、コミュニケーションを深めながら健康寿命を延ばすことをめざして、ドッグプラー競技が世界的に普及しつつあるのです。

2011年にウクライナで、ドーナツ形のドッグトレーニング玩具「PULLER（プラー）」がセルゲイ・シコト氏によって開発されました。丈夫・安全・軽いという特徴があることからプラーを使ったスポーツの人気が急速に高まり、2012年から「ドッグプラー」競技がスタートしました。

その後、世界共通ルールが整備され、日本でも2014年から競技が始まりました。ジャンプとランニングの2種目があり、本格的な競技の普及が加速しています。

ドッグプラーの3つの楽しみ方

さて、このドッグプラーのおもな遊び方には次の3つがあります。

①飼い主が投げたプラーを犬が持って帰ってくるレトリーブ。2個のプラーを交互

に使うことで執着心や破壊欲をコントロールできる。投げたり転がしたりして、短時間で高い運動量が実現し、集中力を高められる。犬の運動だけでなく、飼い主も体を動かしながら、犬と楽しむことができる。

②プラーを引っ張りっこするロープ遊び。犬の歯を傷めず、ストレス解消や犬の脳の活性化にもつながると好評。

③飼い主がフリスビー（ディスク）としてプラーを投げ、犬がジャンプしてキャッチする。

ちなみに、プラーは水に浮くので、犬の水遊びにも活用できます。

最近では、プラーを開発したセルゲイ氏や、DOG PULLER国際協会のワルワラ・ペテレンコ会長がウクライナから来日し、ドッグトレーナーの育成や競技審判の養成を行っています。すでに約50名の公認審判が日本で誕生しています。

２０１８年10月7日には、チェコのプラハで「第1回DOG PULLERワールドチャンピオンシップ」が開催されました。この流れを受け、日本でも国際大会が開催されています。

世界のDOG PULLER人口は、ヨーロッパを中心に約10万人と推定されています。日本ではまだ始まったばかりなので競技人口は決して多くはありませんが、これから急速な普及が期待できるまったく新しいドッグスポーツといえます。需要の創造が求められている日本のペット産業において、人と犬が簡単にできるスポーツの提案は、人とペットの高齢化時代に一石を投じることになるかもしれません。

ドッグランは犬と飼い主の「交流」と「学び」の場

ドッグランにはさまざまなプラスの効果

「ドッグラン（Dog Run）」は、犬同士で走ったり、じゃれたりして遊べる場所です。英語では「ドッグパーク（Dog Park）」とも呼ばれています。日本はもちろん、欧米でも年々人気が高まっています。走ることによってストレスを発散したり、運動不足の解消になったりするので、ドッグランは愛犬の幸せと健康増進に寄与しているといえます。

日本では最近、高速道路のサービスエリアやパーキングエリアにも50か所以上のドッグランがつくられていて、愛犬家に好評です。すべての高速道路に設置すれば、犬を飼育している６８０万世帯（２０２０年ペットフード協会調査）の人たちが外出する機会も多くなり、日本経済にも貢献すると考えられます。

犬は社会性を持った動物なので、もともと集団で遊ぶことを好みます。ドッグランのよい点は、さまざまな犬と出会い、社会化ができることです。

また、ドッグランは飼い主同士の出会いの場でもあります。世話のしかたや病気への対処法、予防接種の受け方、動物病院で定期的に健康診断を受ける方法など、さまざまな意見交換ができ、新しい知識が得られる場所にもなっています。

さらに、精神面にもプラスの効果があることがアメリカで報告されています。ドッグランで遊ばせると問題行動が減り、その結果、飼い主の精神的ストレスの軽減にもつながっているようです。

ドッグランを利用するときに注意することは？

一方で、ドッグランで遊ばせる際は注意も必要です。1年以内に狂犬病予防接種を受けているか、各種予防接種（たとえば5種以上）がなされているかどうか、ノミ・ダニの駆除がされているかどうかなどをチェックしましょう。もちろん、不妊去勢手術は済ませておくことが大切です。

健康で楽しいはずのドッグランで病気をうつしたり、うつされたりすることがないように、必要な証明書を持っていきましょう。夏場は熱中症を発症し重篤な状態になる恐れもあるので、愛犬の健康状態を確認しながら利用することが大切です。

初めて連れていく場合、おびえたり、吠えたりしてしまうことがあります。まず近所の公園などで多くの犬と触れ合って社会化訓練を行ったり、専門の訓練士から基本的な訓練を受けたりしておくといいでしょう。

ドッグランの中には、小型犬と大型犬がいっしょに利用できるところもありますが、トラブルが起こる可能性もあり、小型犬と中・大型犬の遊ぶ場所は分かれているのが理想です。施設にはさまざまな規則があるので、事前に調べておきましょう。基本的にリードなしで遊べますが、初めて利用する場合は、愛犬の様子を見ながら、慣れてきたと思ってからリードをはずし遊ばせるようにしたほうが安全です。飼い主は事故が起こらないように愛犬から目を離さないようにしましょう。

ドッグランは犬同士が楽しく遊べて、ストレスを発散でき、運動もできる素晴らしい場所。ほかの飼い主さんやワンちゃんに迷惑がかからないようにマナーや規則を守り、愛犬にとっても飼い主にとっても楽しく有意義な時間を過ごしましょう。

愛犬とともに障害物をクリアする「アジリティ」競技

アジリティ競技とは犬の障害物競走

「アジリティ（Agility）」競技とは、犬と人がいっしょに調和をとりながら、コース上に設置されたハードルやトンネル、シーソー、歩道橋などの障害物を、定められた順番に、規定の時間内にクリアしていくもの。いわば犬の障害物競走です。「アジリティ」とは、機敏さ、敏捷性、すばしっこさといった意味。若くて、元気で、運動量の多い犬にはおすすめの競技で、犬の運動能力を引き出すには最適なスポーツです。

その歴史は、1978年にイギリスの「クラフト・ドッグ・ショー（Crufts Dog Show）」で、休憩時間に観客の娯楽のために、犬がジャンプしてコースを走り回ったのが始まりといわれています。以来、アジリティ競技はヨーロッパを中心に世界へと広まりました。

日本ではジャパンケネルクラブ（ＪＫＣ）が１９９３年から本格的に競技会を始めました。今では、全国で約30の競技会が開催されており、世界大会では日本人と犬のペアも表彰台に上がっています。

アジリティ競技にチャレンジするには？

アジリティ競技の訓練は、何歳からでも始められますが、１歳未満の犬は関節を痛めないように注意が必要です。アジリティ競技を行う前に、飼い主（ハンドラー）との基礎服従訓練を行います。犬に出す基本的な指示（コマンド）を学び、最初は簡単な障害物をクリアするところからスタート。慣れてきたら徐々に難しい障害物にチャレンジさせるようにします。犬によってマスターできる早さが異なるので、犬のレベルに合わせてトレーニングを行う必要があります。

競技では犬の体の高さによって障害物の高さが変わるので、愛犬の体格に合ったトレーニングを行うことができます。

アジリティ競技では、ハンドラーと犬が息を合わせながら、いかに早く正確に障害物をクリアし、タイムを短くするかがもっとも重要になります。

近年は犬の訓練所など、まったくの初心者でもアジリティ競技を教えてもらえる場所が増えてきました。イベント会場で体験できるようになっている場合もあります。

愛情を込めて、たくさん褒め、たくさん遊び、楽しい時間の中で一貫したコマンドを出すトレーニングを重ねていくと、愛犬もどんどん学習していきます。簡単な障害物から始め、やがて難しい障害物をクリアしたときには、犬も人も本当に嬉しいものです。

愛犬との絆を深めるためにも、プロのトレーナーに指導を受けながら、アジリティ競技に挑戦してみてはどうでしょう。

人と犬の絆を深める「ドッグダンス」

犬が生き生きと踊るドッグダンス

人と犬が音楽に合わせていっしょに踊る「ドッグダンス」は、1990年にイギリスで最初に考案されたといわれています。翌年には、カナダでドッグダンスのセミナーやイベント、競技会が開催され、翌々年にはアメリカでもドッグダンスのイベントが行われました。

その後、国際的な組織が結成され、正式なルールがつくられました。ドッグダンスに関するビデオや本も発売され、世界に広まっていきました。現在、日本でも、多くの場所でドッグダンスが披露されたり、競技会が開催されたりしています。

ドッグダンスは、踊りの技術を競うだけでなく、ドッグスポーツの可能性を広げるものです。さまざまなジャンルの音楽が使用され、ドッグダンス独自の動きを犬に教

えることで、毎日の犬のトレーニングを豊かで楽しいものに変えてくれます。犬には肉体的な運動と同時に精神的な刺激も必要とされ、ドッグダンスはその両方の目的をかなえるのには最適なスポーツなのです。

基本の服従訓練にドッグダンスを取り入れると、犬が生き生きとし、大きな関心を見せることがわかっています。人も好きな音楽を聴くと自然に足取りが軽くなり、気分が高揚します。飼い主が気分よく幸せに踊っていると、犬もそれに加わろうとするわけです。

現在、人の健康寿命を延ばすことが政府の大切な施策のひとつとなっています。ペットフード協会の２０１４年の調査で、犬と散歩する人は健康寿命が男性で０・44歳、女性で２・79歳延びることが判明しています。ドッグダンスも人を活動的にし、散歩と同じように、健康寿命を延ばすことにつながるのではないでしょうか。

ドッグダンスのトレーニングのしかた

ドッグダンスを始める場合は、まず犬といっしょに楽しみたいという気持ちが大切。好きな音楽で犬と踊るトレーニングを重ね、時には学校や高齢者施設、イベント会場などで訓練の成果を発表することも励みになります。一方、犬に関節炎などの疾患がある場合は、事前に動物病院の先生からアドバイスをもらうとよいでしょう。もちろん、体調が悪そうなときは休ませることも重要です。

ドッグダンスでは、犬が飼い主の望む行動をしたらすぐに褒め、おやつやおもちゃを与えながらトレーニングしていきます。行動してから褒めるまでに5秒以上時間が空いてしまうと、犬はなぜ褒められたか理解できなくなってしまうので注意しましょう。

ドッグダンスはリードをつけずに行うので、犬をきちんとコントロールする必要があります。犬をしっかり横につけて歩くことからスタートし、慣れてきたらおやつを持つ手を回して犬に回ることを教えたり、人の脚の間をくぐり抜けたり、音楽に合わせてジャンプしたりと、さまざまな動きにチャレンジしていきます。

専門のトレーナーから指導してもらいながらトレーニングを続ければ、きっと愛犬と楽しくダンスができるようになるはずです。

飼い主と愛犬が楽しめるドッグダンスは、人と犬の絆を深め、一体感と幸福感を育む素晴らしいスポーツです。ぜひドッグダンスの楽しさを一度体験してみてください。

犬の体と心を良好にする「ドッグフィットネス」

ドッグフィットネスは病気になりにくい体をつくる

最近、ペットと泊まれる施設が増えてきました。飼い主にもペットにとっても喜ばしいことです。その中でも、愛犬同伴型ホテルの「レジーナリゾート」は草分け的な存在のひとつ。「レジーナリゾート鴨川」では、ペットと泊まれる宿で初めて、人と犬の絆を深める「ドッグフィットネス」を導入しています。

近年は、あまり散歩に行かず、家の中だけで過ごす犬も多いようですが、これでは運動不足や肥満になる恐れがあります。人と同じように、犬にとっても肥満は万病の元です。

犬の健康寿命を延ばし病気になりにくい体をつくることを目的として、ドッグフィットネスを提唱したのは、アニマルライフパートナーズ協会（ＩＡＡＬＰ）代表で、

アメリカで動物行動学と犬の理学療法を学んだ山田りこ氏。

犬は本来、頭を使い体を動かすことが大好きな動物。しかし、都会の暮らしでは、お散歩道はアスファルトの硬い平坦な道で、自然の中のように土のでこぼこ道を体のバランスを取りながら歩いたり、障害物をよけたりする機会は少ないものです。

また、生まれてから早い時期に親兄弟から離される犬がほとんどで、小さいときから犬同士で体をぶつけ合いながらじゃれて遊ぶことがないため、みずからの体幹を鍛える機会も少ないのが現状です。

ドッグフィットネスの利点は、人と犬の信頼関係を構築し、運動をすることで自信をつけられること。筋肉や靭帯《じんたい》、腱《けん》、関節の状態を良好に保ち、体全体のコンディションを整えられることにあります。同時に、バランス機能や柔軟性、持久力、そしてメンタル面を良好に保つことも可能となります。

足の力が弱くなりがちな現代の犬のために

超小型犬や小型犬は、飼い主に抱き上げられることが多く、犬自身がしっかりと大地を踏みしめる機会が減っています。そうなると、筋肉がつかず、靭帯や腱で守られている足先の力も弱まって、グリップ力が軽減したり膝関節や股関節にも影響が出たりしてしまいます。

ドッグフィットネスでは、バランスボールを踏みしめたり、前後にバランスを取らせたりして、足先や足裏に力が入るようにし、その結果、靭帯や腱を強化して、グリップ力を高めることができます。感情面でも、しっかりと踏みしめる力を鍛えることで、自信がつき落ち着きのある犬になるようです。

「レジーナリゾート鴨川」ではアクアフィットネスもできます。一流のスポーツ選手がトレーニングやリハビリに使用するアメリカ製の流水プールで、体（筋肉や関節）に負担をかけず全身運動ができます。初めてのプールや水の苦手なワンちゃんでもすぐに慣れるので、楽しそうに泳いでいる愛犬の姿を見る飼い主も嬉しそうです。

この施設にドッグフィットネスを導入したのは、「定期的に愛犬と飼い主の心と体をリセットできるリゾート施設があれば」という想いから。日本では昔から湯治という素晴らしい文化があります。ドッグフィットネスはその現代版として、愛犬と人がいっしょに運動をすることで、お互いのＱＯＬ（生活の質）を高めることにもつながるのではないかと期待されています。

「ドッグカフェ」は犬と飼い主の学びの場

ドッグカフェは飼い主も犬も楽しい時間が過ごせる場所

「ドッグカフェ」は、犬を連れて入店できる飲食店です。ドッグランの設備を兼ね備えている店もあります。「猫カフェ」（46ページ）とは異なり、ドッグカフェは犬がお店で待っていて、お客さんが犬と触れ合う場所ではありません。

一方、対象を愛犬家と愛犬に限らない一般のカフェにも「犬連れＯＫ」のお店があります。そうしたお店では、犬が苦手な一般のお客さんに迷惑をかけないようにすることが大切です。

犬の飼育頭数が年々減少する今日、猫カフェと同じように、さまざまな種類の犬と触れ合う機会を提供したり、犬の種類別の特徴や特性を教えたり、犬と暮らす楽しさや飼育の注意点を説明したりと、犬についてしっかり学べる専門のドッグカフェが出てきてもよいのではないかと思います。

ドッグカフェでは、犬専用の飲食メニューが用意され、愛犬家同士でさまざまな情報交換もできて、ほとんどのお店が、愛犬とともにくつろげる楽しい空間になっています。犬にとってもさまざまな犬や愛犬家と出会える機会になります。愛犬と宿泊をともなう旅行を計画する場合に、あらかじめドッグカフェを利用して犬の社会化を図るのもおすすめです。

ドッグカフェを楽しく利用するために注意したいこと

ドッグカフェを利用する際は、「待て」「お座り」「伏せ」「よし」「無駄吠えやかみ癖の防止」など、犬の基本的なしつけを事前にしっかり身につけさせておきましょう。また、各種予防接種を受け、ノミ・ダニの駆除を行い、それらの証明書をドッグカフェに持っていきます。楽しい場所で病気やノミ・ダニをうつしたり、うつされたりすることがないようにしたいものです。

さらに、お店に行く前にはシャンプーをして、ふだん食べているフードやおやつ、飲み水、リード、マナーベルト、ペットシーツ、ビニール袋、ウエットティッシュなども用意しましょう。入店前には、トイレやブラッシングを済ませ、足を清潔にします。初めてドッグカフェを利用するなら、犬が安心できるクレートやキャリーバッグを持っていきましょう。発情期や生理中（ヒート中）はほかの犬に迷惑をかけるので利用を避けます。ほかの犬に走り寄ったり、テーブルに上がったりすることがないように、足元に座らせ、リードをつけて会話を楽しみましょう。

「ドッグカフェ」と「ペットＯＫの店」ではルールが異なるので、事前に調べてから利用するのがいいでしょう。お店で初めてほかの犬のしつけのよさに気がつく場合もあり、いろいろ勉強できる絶好の機会になります。

マナーとして、自分の愛犬の好きなおやつだからといって、ほかの犬に飼い主の許可なく与えないようにしましょう。アレルギーを持っていたり特別療法食をもらっていたりするかもしれません。せっかくの親切がアダになってしまう場合もあります。

マナーやルールを守り、ほかの飼い主やワンちゃんから大いに学び、愛犬仲間とさまざまな交流をしながら、楽しい時間を過ごしましょう。「外のテラス席のみ犬同伴可」というお店が多いのですが、飼い主のマナーやしつけ、衛生面を向上させて、将来はどの席でも「どうぞ」と言ってもらえる社会を実現したいものです。

犬の多頭飼いのメリットとデメリットとは？

犬の多頭飼いにはメリットが多い

犬は人と暮らすのにベストなパートナーといっても過言ではありません。ペットフード協会の２０２０年調査データによると、一世帯当たりの平均飼育頭数は１・25頭。なかには３頭以上の多頭飼育をしている世帯もあります。

多頭飼育のメリットとしては次の点があげられます。

①相互作用が期待できる。常に遊び相手がいるのでお互いに飽きることがない。

②お互いに社会化ができ、ドッグランや散歩でほかの犬と初めて出会ったときにうまくあいさつができるようになる。

③犬同士で遊び、抱き合ってじゃれている様子を見たり、愛犬たちの絆が深まる過

程やボディランゲージを観察できたりするのは、飼い主の喜びにつながる。

④１頭の犬が意気消沈したり憂うつになったりしても、別の犬が癒やしてあげることができる。とくに高齢犬は若い犬が来ると元気になることが多い。

⑤家族が出かけている間、一頭では寂しいが、ほかの犬がいると孤独感が癒やされ、仲よく留守番ができる。

⑥犬はもともと群れで暮らす動物。もちろん飼い主が犬のリーダーだが、先住犬が新しい犬にさまざまなことを教えてくれる。また、犬同士で上下関係ができると、協調性が醸成され、問題行動を起こしにくくなる。

⑦１頭が不幸にも亡くなった場合でも「ペットロス」にならない可能性がある。

多頭飼いのデメリットも知っておく

一方、デメリットとしては次の点があります。

①犬は歴史的に群れで暮らす動物だが、群れになじめない犬もいる。現代では、うまくいっしょに暮らせず、犬同士が緊張状態に陥ってしまうケースもある。

②2頭以上飼うと、経済的な負担が増える。ペットフード協会の調査（2020年）では、犬の平均寿命は14・48歳、1頭当たりの飼育にともなう生涯経費は207万3531円なので、2頭だと414万7062円必要になる。
③災害が発生した場合、責任を持っていっしょに避難できるかどうか問題になる。
④十分な飼育スペースを確保しなければならない。
⑤世話をするのに体力がいる。
⑥鳴き声がうるさくなる可能性がある。
⑦お互いの犬の悪い習慣を取り入れるリスクがある。

2頭以上飼育している人の喜びの声を聞いてみると、「家がにぎやかになって楽しい」「2頭になったので、夫婦そろって散歩に出かけるようになった」「帰宅したときに3頭そろって出迎えてくれる」などをあげています。

ペットは多ければ多いほどよいわけではなく、災害のときでも十分にケアできるのが最適な飼育頭数になります。先住犬との相性や経済面、家族で責任が持てるかどうかなど、必要な要素を考慮して、犬たちとの楽しい暮らしを実現してください。

猫が快適に暮らせる家とは？

猫と暮らす際に気をつけたいこと

ペットは今や大切な家族の一員です。私も長年いろいろなペットと生活をともにしてきましたが、現在は猫と暮らしています。

ペットを迎え入れる場合は、家の中にさまざまな配慮が必要です。ここでは猫と暮らす家を考えてみましょう。

「猫が飼える家かどうか」という飼い主本位の目線ではなく、「猫にとって快適に暮らせる家かどうか」と猫目線で考える必要があります。人にとって望ましくても、猫にとっては必ずしも心地よくない場合も多いものです。猫の特徴や習性を理解したうえで、猫と人がお互いに気持ちよく生活できる家づくりをめざしましょう。

猫と暮らす際に気をつけたいのは、おもに次のような点です。

①猫は刺激や遊びが大好きで上下の動きを好むので、キャットタワーや段違いの棚をつくって自由に動き回れるようにする。

②猫は窓の近くで日光浴をしたり、好奇心が旺盛で窓から外を眺めたりするのが大好きなので、そのための場所をつくっておく。

③家の中で飼う。猫の行動範囲は半径500メートルといわれている。家の中と外の両方で飼っている人もいるが、外猫は感染症や交通事故に遭遇するリスクが高い。家猫にすることで、寿命が2・56歳延びる（2020年ペットフード協会調べ）。

④窓や玄関から外に出ないようにフェンスなどでブロックする。

⑤快適な場所を求めて居場所を変えるので、家の中を自由に歩き回れるようにする。

⑥バルコニーに隙間がある場合、落下の危険がないように工夫する。

⑦フードや飲み水の置き場は、猫が自由に安心して食べたり飲んだりできるように、静かで落ち着けるスペースを確保する。

⑧トイレスペースはできるだけ人に見られない場所に設置し、猫が安心して排泄できるようにする。

⑨コンセントやコードを舐めたりかじったりすることがないように、カバーなどを

利用する。

⑩蛍光灯の照明を避ける。蛍光灯は白熱灯やLEDに比べて光のちらつきが多く、動体視力が鋭い猫には不快に感じる傾向がある。

⑪猫は単独行動を好む動物なので、猫がひとりでいられる場所を用意する。

⑫壁や柱で爪とぎをする習性があるので、爪とぎができるボードなどを置く。

⑬カーテンボックスの上に登る猫もいるが、降りられなくなる場合もある。登れないようにするか、天井づけにするのが安全。

⑭和室には入れない。爪で畳や障子、ふすまを引っかいたり破ったりする恐れがある。また、畳はダニの温床になる場合がある。

⑮わが家の猫のように、ドアの前で跳び上がってノブのレバーを降ろしてドアを開ける猫もいる。ドアを開けさせたくない場合は、ロックしておいたほうがよいだろう。

ほかにも注意点はありますが、猫と人が快適に暮らせる家づくりを、猫の立場に立って考えてみることが何より大切です。

猫と触れ合い癒やされる場「猫カフェ」

猫の飼育数が増え「猫カフェ」も盛況

ペットフード協会が2014年に「生活にもっとも喜びを与えるものは何か？」を調べたところ、猫を飼っている人の回答（複数回答）は、1位が「ペット」（81・2%）、2位が「家族」（78・3%）、3位が「趣味」（69%）という結果でした。家族ではなくペットを1位にあげたのは猫飼育者だけでした。言い換えれば、猫と暮らしている人たちは猫に魅了されるケースが多い証しととらえてもよいようです（詳しくは150ページ）。

2017年に日本で初めて犬と猫の飼育頭数が逆転し、2020年における猫の頭数は964万4000頭、犬は848万9000頭となっています。猫の頭数が伸びている要因としては、おもに次の3点が考えられます。

①足の不自由な高齢者にとって、散歩の必要がなく飼いやすい猫が増加した。
②捨て猫の数が犬と比べて圧倒的に多く、里親として猫を迎える機会が多い。
③猫と触れ合える猫カフェの増加により、猫に親しみを覚える人が増える傾向にある。

猫カフェは現在、国内で約３００店を数えます。猫カフェが増えている理由としては次の３つがあげられます。

①猫の毛は、ほかの動物では体験できないモフモフ感があり、これにより幸せホルモンと呼ばれるオキシトシンの分泌が、犬などを触っているより多いという研究結果が出されている。
②最近は学校で飼われている動物の数が減り続けており、動物と触れ合う機会が少ない。子どもが動物と触れ合う場を猫カフェに求めるケースもある。
③動物との暮らしは不可という集合住宅がまだ多い中、猫カフェは手軽に動物と触

れ合える場所と癒やしの空間を提供している。

猫カフェを運営するには、「動物取扱責任者」の資格を取得し、「第一種動物取扱業（展示）」の申請を都道府県に行う必要があります。「動物取扱責任者」の資格はさまざまな機関で講習と試験を実施しています。また、通信教育を活用して勉強し、試験を受け合格する方法もあります。カフェとして飲食を提供する場合は、「食品衛生責任者」の資格や、「飲食店営業許可」の取得なども必要になります。もちろん、猫にストレスを与えない配慮や各種予防接種、不妊去勢手術も大切です。

猫カフェの楽しみ方はいろいろ

猫カフェでの楽しみ方はさまざまです。猫じゃらしで遊んだり、スマートフォンや一眼レフのカメラで「インスタ映え」する写真を撮ったり、猫の好きな仲間が集まり猫と触れ合いながら語り合ったり。また、猫カフェにいる猫たちがじゃれ合ったり、仲よく暮らしたりしている姿を見るのも楽しみのひとつでしょう。ストレスを抱え悩みを持っている人たちも猫に癒やされるために猫カフェを訪れています。

猫カフェでは保護猫が多く活躍しています。なかにはとてもフレンドリーな猫もいて、なぜこのような気立てのよい猫が捨てられなければならないのだろうかと疑問に思わざるを得ません。人に捨てられたにもかかわらず、多くの人々を日々癒やしてくれています。殺処分されなくて本当によかったと思うと同時に、第二の幸せな〝猫生〟を送ってほしいと願わずにはいられません。人々を献身的に癒やしてくれる猫をはじめ、誰もがペットにやさしく接する社会を１日も早く実現させたいものです。

大切な家族である猫に財産は残せる？

猫は財産を相続できないけれど……

ペットフード協会が２０１４年に行った調査によると、「生活にもっとも喜びを与えるものは何か？」（複数回答）を猫を飼っている人に聞いたところ、1番に「ペット」（81・2％）、2番に「家族」（78・3％）、3番に「趣味」（69％）という回答でした。
高齢化が進んだ日本では、飼いやすいなどの理由から、猫の飼育頭数が２０１７年から犬の頭数を上回り、猫ブームが起きています。

そんななか、弁護士・司法書士の渋谷寛先生が監修された、『ねこの法律とお金』（廣済堂出版）という初めての猫専用法律ハンドブックが出版されました。

同書では、「猫のいる日々の暮らしと法律」「猫を取り巻くご近所トラブル」「ペットサービス・獣医療トラブル」「愛猫とのお別れと手続き」「愛猫のための『お金』と

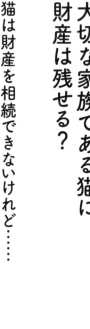

制度」「ねこ六法　知っておきたい法律」などが詳しく紹介されています。

ここでは、「大切な家族の一員である猫に遺産は残せるか」について、本の中で説明されている内容の一部を紹介します。

ペットは民法上、「物」と見なされるため、猫が財産を相続することはできません。猫も飼い主の所有物であり、物として被相続人の相続の対象となります。しかし、子どもや親戚など、相続を受ける人が、猫を引き取ることを希望しない、世話する意志がない、あるいはできない場合には、信頼できる第三者に猫の「所有権」を引き継いで世話してもらうようにしておく必要があります。そのためには、誰に引き取ってもらうのか決め、その人が世話してくれることを条件に財産を渡すことを遺言しておきます。これは、「負担付遺贈」または「負担付死因贈与」などと呼ばれます。

負担付遺贈とは、猫を引き取ってくれる人に「猫の面倒を見ること」を条件に、猫とそのほかの遺産を贈与すること。この場合、引き受けた人は、贈与された財産の上限の範囲内で「負担の義務」を果たす必要があり、猫の寿命や飼育にかかるお金を考慮し、十分な財産を贈与してもらわなければなりません。

負担付死因贈与とは、飼い主が亡くなったことを条件として効力が生じる「贈与」

です。生前に契約を締結するので、猫の飼育について負担付遺贈よりも細かい取り決めをします。すでに同意が得られた相手なので、飼い主の死後も契約どおりに世話をしてもらえる可能性が高いのです。

猫の遺産を信託するサービスにも注目

最近は、猫のために遺産を信託するサービスにも注目が集まっています。「信託」とは、文字どおり「信じて託せる」相手に財産を管理してもらうこと。飼い主が猫のために準備した飼育費用を管理してくれる人に託し、猫の世話をしてくれる人に定期的あるいは一括で支払ってもらいます。

前述のように、猫に直接財産を相続させることはできません。しかし、世話をしてくれる人に対して財産を残すことはできます。そのことを遺言書にしっかりと記しておくことが重要です。

有効な遺言書の書き方を含め、同書では、猫に関する法律とお金について詳細に、わかりやすく説明されています。猫と楽しく暮らすために必要な法律の知識を得るためにも、将来の不安を払しょくするためにも、ご一読をおすすめします。

ウサギとの暮らしには魅力がいっぱい

ウサギの魅力はどこにある？

人と暮らす伴侶動物として、犬や猫のほかに、ウサギに魅了される人が増えています。ウサギの品種は、耳の形や体の大きさなどの違いにより、１００種くらいといわれています。日本ではおもに10種くらいが飼われています。

ウサギの魅力として、次の点があげられます。

①鳴いたり吠えたりしないので、近所迷惑にならず、集合住宅で飼うのにも最適。
②きれい好きで草食なので体臭がほとんどない。
③トイレのしつけもできる。
④飼育コストが犬や猫に比べて経済的である。

⑤大きく丸い目や小さな口元など、かわいい姿に癒やされる。
⑥昼より夜のほうが活動的なので、仕事などで昼間は留守がちな人でも夜いっしょに遊べる。
⑦「おいで」を覚えたり、「ハウス」でケージやキャリーバッグに入ったりすることも学習できる。
⑧「待て」の掛け声で、フードをすぐに食べなかったり、「よし」の合図で食べ始めたりする。「ノー」で物をかじることをやめさせることもできる。
⑨飼い主と信頼関係ができると、膝の上に乗ってきたり、なでたときに気持ちよさを表したりと、愛情表現が豊か。
⑩犬のように、自分の名前を覚え、呼ぶと飛んでくる。
⑪抱っこの練習をすると、抱っこが大好きになる。
⑫人間の赤ちゃんが泣いていると、スタンピング（足ダン）をして教えてくれたりする。ラジオ体操が始まると、そのリズムに合わせて踊るウサギもいる。
⑬寿命が10歳前後なので、飼い主とともに暮らせる年月が長い。
⑭ほかの伴侶動物と同じように、家族の一員として人を明るく元気にしてくれる。

ウサギと暮らすときの注意点

ウサギといっしょに暮らす際は、次のような点に注意しましょう。

①トイレ掃除を毎日行い、清潔に。

②ウサギにとってかじることは習性なので、電気コードや柱、家具などをかじられないように注意する。

③上下の歯同士を摩擦させて歯を削るので、時間をかけて食べられる牧草を中心に与えて、不正咬合《ふせいこうごう》を予防する。

④暑さに弱いので、室温を適正に調整する。

⑤災害に備えてマイクロチップを装着し、疾病予防には不妊去勢手術や定期健診を。

⑥ウサギはやさしそうに見えるが、意外に気が強く、犬と同じように人との間に順位をつける。放し飼いにすると、わがままになることも。しつけをしっかりしたうえで、時間を決めて遊ぶようにする。

⑦人より約6倍早く歳を取る。急に具合が悪くなることもあるので、毎年春・夏・秋・

冬の4回、動物病院で健康チェックを行う。

ウサギ関連のイベントも毎年のように盛大に開催されており、「ラビットホッピング」の競技など、さまざまな催しが楽しめます。ただし、イベント会場には健康状態が悪かったり、感染症にかかったりしているウサギは入場できないので注意。人込みが苦手なウサギは、大きなイベント会場に連れていくのを控えましょう。

ウサギと暮らすことの楽しさを覚えると、そのあともウサギを迎え入れる飼い主が多いようです。まだペットとの暮らしを体験していない人は、ウサギを飼うことを検討してはいかがでしょう？

飼いやすく人気上昇中のフェレット

フェレットを飼うことの13のメリット

学校で飼育している動物が多いアメリカでは、週末にペットを連れて帰り、家でいっしょに過ごす体験ができる機会が多くあります。なかでもフェレットに人気が集まっていて、日本でも最近、「飼いやすい」などの理由で人気が高まっています。

フェレットといっしょに暮らすメリットをあげてみましょう。

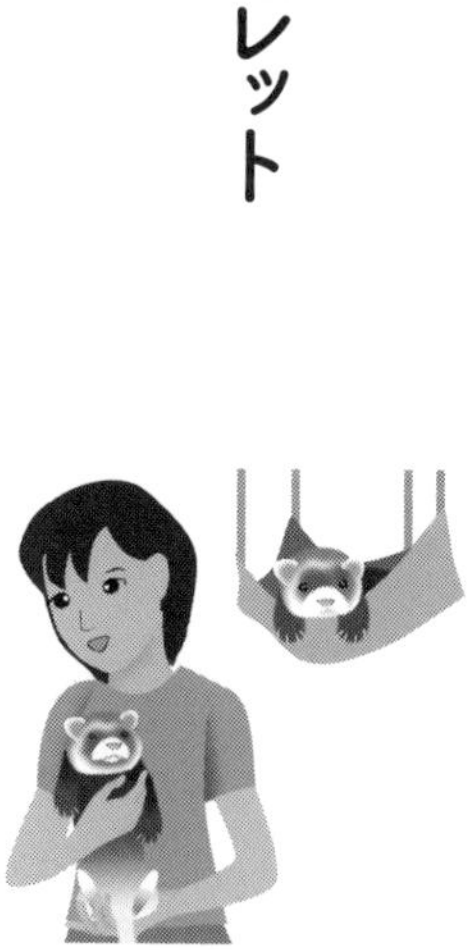

①室温管理（15～22度）を行い、食事や水をあげて、トイレを掃除すれば、ほかにほとんど世話をする必要がない。

②愛らしい瞳と細長い胴体に短い手足が魅力的で、幸せな気持ちにさせてくれる。ハンモックなどに乗っていたり、眠ったりしている姿はとにかくかわいい。

③保護者の管理の下、子どもが初めていっしょに暮らすペットとして最適。

④狭いマンションやアパートの一人暮らしでも飼いやすい。ゴム製品などの誤食を防ぐ対策を行う必要があるため、部屋も片づくといわれている。

⑤人見知りや縄張り意識がほとんどない。

⑥独自のパーソナリティを持っている。複数飼っている飼い主は、それぞれの個性がわかる。

⑦遊びが大好きで好奇心が強い。2~3匹いるとフェレット同士で遊ぶので、その様子を見ているのも楽しい。複数だと飼い主が外出していてもフェレットが退屈することはない。

⑧鳴き声がほとんど気にならないほど静か。ただ、嬉しいときは、「クックックックッ……」と高い声で鳴く。痛い思いをしたときや機嫌の悪いときは、「シャー」「シュー」、驚いたときは「キャン」という声を出すが、それほど大きくない。まわりに鳴き声で迷惑をかけたくないなら、最適なペットといえる。

⑨社交的で友好的なため、ゲームや遊びを創造したり、おしゃべりしたり、抱き合ったりする。フェレット同士で遊ぶ一方、飼い主からの愛情もほしがる。

⑩頭がよく、自分のペットは何ができるかを発見する楽しみもある。常に学習意欲が旺盛で、問題解決に革新的な解決法を見出す才能にも優れている。どのペットよりも訓練しやすいだろう。

⑪トイレの訓練も簡単。訓練がうまくいかないことはまれである。

⑫大きなケージは必要ない。もし、大きなスペースで飼いたいなら、高さのあるケージを選んで、ゆるやかな段をつけるとよい。

⑬散歩に連れていく必要がなく、家の中の運動で十分。もし、外に連れ出したいなら、フェレット用のハーネスをつける。散歩では、見知らぬ人から多くの質問がくるかもしれず、それが会話や交流のきっかけとなるだろう。

一方、健康管理では、フェレット特有の病気もあるので、動物病院で定期的な健康診断やワクチン接種を受けましょう。フェレットのような小動物をはじめ、さまざまなペットと暮らすことは、動物の意外な生態を知ることにつながります。ぜひペットとの「赤い糸」を実感してみてください。

ハムスターと仲よくなるには？

ハムスターはどんな動物？

人が好んでいっしょに暮らす小さなペットのひとつに、ハムスターがいます。ハムスターは、げっ歯目・ネズミ科・キヌゲネズミ亜科の動物。ペットの中でも小さな体でかわいい顔をしているため、多くの人気を集めています。やわらかい毛に包まれ、つぶらな瞳を持つ愛らしいハムスターに癒やされる人も多いようです。短い手足を一生懸命に動かして、回し車を走る姿もたまりません。一度飼い始めると複数飼いをする人も多く、長年にわたってハムスターと暮らす人も多くいます。

住宅の事情で大きなペットと暮らすのが難しい人や、散歩に連れていくのが困難な人、初めてペットと暮らす人、一人暮らしの人にとっては、最適なペットかもしれません。ペットの購入費や維持する費用が少ないのも利点です。

超いたずらっ子で、鼻をピクピク動かしてにおいをかぐ。びっくりすると、目を大きくして前足を上げたり、後ろ足で立って自分を思いっきり大きく見せたりします。運動神経は抜群で、好きなことはトンネルを掘ること。昼は寝ていて、夜活動します。ただし、ハムスターは警戒心が強く、臆病な一面もあります。初めて迎え入れた場合は、ケージに入れてしばらくはそっとしておき、その場所に慣らすことが大切。

ケージの生活に慣れてきたら、名前を呼びながら、ケージの隙間からフードをあげ、やさしく話しかけてみましょう。２～３日したらケージの中にそっと手を入れて、フードをあげるようにします。それができるようになったら、手のひらにフードをのせて与えてみましょう。

ハムスターが小さな足を踏ん張って爪を立てているときは、まだ慣れていない証拠。リラックスして手のひらに乗るようになったら大成功で、ゆっくりなでてあげましょう。ハムスターとの信頼関係ができると、抱っこもできます。雄は食欲旺盛なので、フードを使って慣れさせやすいのですが、雌はデリケートで慣れるまで時間がかかるタイプもいます。

ネズミ類であるハムスターにかまれると、アナフィラキシーショックを起こすこともあります。かまないやさしい子に育てましょう。人に慣れない間は、目の細かい綿手袋をはめると安全です。

ハムスターも定期的に動物病院へ

人と同じように、ハムスターもけがをしたり、病気になったりします。誤って人に踏まれたり、回し車や戸に足をはさんだり、骨折したりすることもあります。雄雌間で結婚したときは少しの間は仲よしでも、しばらくするとハムスター同士のけんかが絶えなくなることも。そのような場合は、1匹ずつケージに入れて飼うと安心です。

下痢や皮膚病、がんになったり、子宮に膿がたまる病気になったりすることもあります。残念ながら寿命は2~3年しかありません。伸びすぎた前歯を切りに動物病院に来る飼い主も多く、定期的に動物病院で健康診断を受けることをおすすめします。

ハムスターも健康管理を適切にすれば寿命まで生きられます。ハムスターに癒やされる暮らしをぜひ楽しんでみてはいかがでしょう?

野鳥観察には
さまざまなメリットがある

野鳥観察の楽しみ方

バードウォッチングと呼ばれる「野鳥観察」や「探鳥」。1889年にイギリスで王立鳥類保護協会が設立され、野鳥を保護するとともに野鳥を観察して楽しむことが奨励されました。その後、アメリカや世界に広がっていきました。

私が所属しているライオンズクラブでは、野鳥保護の資金の一助になればと、野鳥のカレンダーを毎年作成しています。

野鳥観察に向いている場所は、森林や湿原、河川、湖沼、海岸、干潟、公園など。野鳥観察は、マナーを守って自然保護や野鳥保護を優先したいものです。

野鳥観察のしかたはいろいろあります。肉眼での観察もよいのですが、野鳥に刺激を与えないように、また環境保全のために、遠くから双眼鏡や望遠鏡を用いた観察が

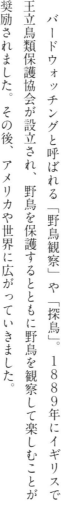

推奨されます。スマートフォンやカメラ、ビデオカメラ、三脚、高倍率の望遠レンズがついたカメラ、持ち歩きやすい小型の野鳥図鑑、ノート、地図、ガイドブックを現地に持っていきましょう。野鳥の鳴き声を収録した機器や電子辞書などを持参し野鳥に聴かせると、呼び寄せることもできて楽しみが倍増します。

季節や地域、環境により、観察できる鳥の種類も異なります。初心者はなかなか鳥の種類を特定することが難しいので、経験豊富な人といっしょに観察することをおすすめします。野鳥の繁殖期はとくに警戒心が強いので、刺激しないように遠くから静かに観察しましょう。

野鳥観察のメリット

定期的な野鳥観察は、次のようなメリットや能力開発につながります。

①森林浴ができると同時に、心がリラックスする。
②あらかじめ図鑑で調べるなど、事前準備の必要性が学べる。
③静かに時を過ごすことができるので、瞑想の機会になる。

④双眼鏡やカメラで鳥の姿を追うことにより、反射神経が養われる。
⑤趣味としては経済的である。
⑥山岳地帯を長く歩くことにより、健康寿命の延伸につながる。
⑦野鳥を刺激しないよう小グループで観察するので、連帯感が高まる。
⑧思いどおりに観察できないことを素直に受け入れる忍耐力の醸成につながる。
⑨さまざまな鳥を観察するには日本各地を訪れる必要がある。旅をすることは不屈の精神力が鍛えられ、精神への刺激にもなる。
⑩専門的な観察には大きな双眼鏡や機器を持っていくので、腕力や脚力がつく。

昔、わが家の庭の木にヒヨドリが卵を産んだことがありました。小鳥が生まれてくるのを楽しみにしていましたが、野良猫が木に登って卵を食べてしまいました。自然界ではそのようなことが起こるのもいたしかたないのですが、もしあなたの庭の木に鳥が巣をつくったら、猫などの動物が木に登れないようにブロックしましょう。

家庭で飼うペットではありませんが、時には野鳥観察に出かけて、自然を楽しみながら、野鳥のことを知る機会をつくってみることをおすすめします。

飼い主として
マナーを守り責任を果たそう

ペットフードの知識とマナーが身につく検定試験

私がペットフード協会の会長だったときに、ペットにまつわる3つの資格制度を導入しました。そのひとつが、ペットフードの知識だけでなく、飼い主のマナー向上を目的とした「ペットフード／ペットマナー検定」。公式テキストを2011年に発行しています。インターネットを通じて受けられる試験制度で、これまで多くの人が受験しており、近い将来、1万人を超える人が資格を取得することになるでしょう。

人とペットの真の共生社会を実現するには、新しい家族となるペットを迎え入れる際に、飼い主とその家族が教育を受けたり、栄養管理やボディケアの知識を習得したりすることが必要です。同時に、人間社会に適応するための社会化訓練、家の中でさまざまな危険物を飲み込んでしまわないよう安心して暮らせる場所の整備、災害時に

避難所に避難することを前提としたクレートトレーニング（ペット用キャリーバッグやケージの中でおとなしくしている訓練）、各種予防接種、マイクロチップの装着なども重要です。

「ペットフード／ペットマナー検定」も、人とペットの共生社会づくりに貢献するはずです。

飼い主が守るべき最低限のマナーとは？

飼い主のマナーについては、少なくとも次の10項目は最低限守りましょう。

①犬を庭で飼う場合は、郵便物などの届け物をする人やお客さんにかみつかないようにしっかりとつないでおく。外に逃げ出すことも防げる。

②猫は常に家の中で飼育する。外で暮らす猫は感染症や交通事故に遭遇するリスクがある。家猫にすることで、外猫より2・56歳も長生きできる。

③犬をノーリードで散歩させない。犬を飼っていない人が「かまれるのではないか」と不安になったり、犬同士がけんかしたり、交通事故に遭ったりすることを防ぐ。

④散歩中は糞尿の処理をし、環境美化に努める。糞尿の処理をしない人をたまに見かけることがある。糞は持ち帰るが尿は水をかけるだけという飼い主も多い。しかしそれでは、尿が薄まったとはいえ、撒き散らしているのと同じ。ハエの発生や悪臭を防ぎたい。ペットシーツを持参し、愛犬が粗相をしそうになったときには、ペットシーツに用を足すように訓練する。

⑤犬には鑑札や狂犬病予防注射済票を、犬猫には迷子札（住所・電話番号を明記）を身につけさせる。マイクロチップを装着し、必要な情報を入力しておくと安心だ。ノミ・ダニの駆除や必要な予防接種は済ませておく。

⑥炎天下で散歩したり車内に置き去りにしたりするのは避ける。炎天下ではアスファルトの表面温度は約60度にもなる。犬は足の肉球しか汗をかけないため、発汗による体温調節ができない。車内も50度以上になるので、熱中症で命が奪われかねない。

⑦自転車で犬を走らせる散歩はしない。車輪にリードがからまり、歩行者にぶつかることもある。人も犬も事故に遭遇するリスクが高まるので、絶対に避けたい。

⑧無駄吠えをさせない。マンションやアパートはもちろんのこと、一戸建てでも近所迷惑になる。ドッグトレーナーの指導を受けるなどして、トレーニングをさせるこ

とが必要。

⑨ペットと泊まれる宿などに入る前に、愛犬をブラッシングし足をよく洗う。足にさまざまな菌が付着している場合がある。やさしく除菌してくれるスプレータイプやジェルタイプの製品を活用したい。散歩から帰って家に入る前にも、除菌スプレーなどでウイルスを除去したい。

⑩動物愛護管理法を守り、動物を捨てたり遺棄したりしない。飼い主の責任として、ペットを迎え入れたら、終生飼養を守る。不妊去勢手術を行い、不幸なペットを増やさないようにしたい。

大都市では、「わんわんごみひろい」と称して、ワンちゃん連れでゴミ拾いをしながらマナーアップして、「〝wan〟derful（ワンダフル）な暮らし」をめざすグループもあります。沖縄では、「人も犬も猫も幸せ！な街つくり隊」として活動されている飼い主さんたちもいます。マナーをしっかり守り、他人に迷惑をかけず「人とペットの幸せな社会づくり」をめざしましょう。

ペットの健康な体づくりは食事から

ペットに必要な栄養素とは？

近年、人間の平均寿命が延びるのと同じように、犬・猫の平均寿命も延びてきています。２０２０年のペットフード協会の調査によると、犬の平均寿命は14・48歳、猫は15・45歳になりました。平均寿命が延びた理由としては、①良質なペットフードの普及、②獣医療の発達、③健康診断・予防接種の普及などが考えられます。

人の健康な体づくりには、バランスの取れた栄養が不可欠。ペットの健康を守るにも日ごろの食生活が重要です。でも、人と同じ食事を与えてよいのでしょうか？

じつは、人・犬・猫はそれぞれ必要な栄養素が異なります。たとえば、タンパク質を構成するアミノ酸の中には、体内でつくられないため必ず食べ物から摂取しなければならない必須アミノ酸があります。その数は人が９種類、犬で10種類、猫で11種類。

それぞれ1種類でも足りないとタンパク質はつくられません。

また、体を構成する要素として一番大切なのは「水」。犬・猫の体の60〜70％が水です。体内の水が10％失われると重篤な状態になり、15％失うと死にいたります。したがって、ペットが新鮮な水をいつでも飲める状態にしておくことが大切。ペットにとっての6大栄養素は、水・タンパク質・脂質・炭水化物・ビタミン・ミネラルです。

ペットフードの種類はさまざま

犬は雑食動物、猫は肉食動物です。犬と猫、あるいは成長期、成犬・成猫期、高齢期など、各成長段階で必要とされる栄養素は異なります。それに応じてペットフードの種類も分かれています。同じメーカーがつくった商品であっても、健康な成犬用と成猫用とでは、タンパク質や脂肪の含有量が異なっており、猫用のほうが多くなっているはずです。また、子犬や子猫は成長期なので、成犬・成猫よりもタンパク質や脂肪の濃度の割合が高くなっています。

ペットフードの中で「総合栄養食」とされるものは、必要な栄養素がバランスよく配合され、ほかには水を与えるだけで済みます。また、ごほうびとして与えるおやつやスナックなど「間食」に分類されるフードもあります。さらに、そのほかの目的食として、おかずやふりかけなどの「副食」、総合栄養食に分類されない「一般食」、食事療法に用いられる「療法食」、特定の栄養やエネルギー補給を目的とする「栄養補助食」などもあります。

ペットに与えないほうがよい食材も覚えておきましょう。赤血球を壊し貧血にする「ネギ類」、犬や猫が食べると心臓の血管や中枢神経に作用するカカオが含まれる「チョコレート」、犬が食べると血糖値の低下や嘔吐、肝障害などを引き起こす「キシリトール」、犬や猫にとって腎不全の原因となる物質が含まれる「ブドウ・レーズン」、寄生虫などが含まれる恐れのある「生肉」、下痢を起こす原因にもなる人用の「牛乳」などです。

愛犬・愛猫と1日でも長く暮らすために、もっと食事の勉強をしたいと思うなら、ペットフード協会の「ペットフード／ペットマナー検定」や、日本ペット栄養学会の「ペット栄養管理士」の資格にチャレンジしてみてはいかがでしょう?

グルーミング・トリミングの効用とは？

動物は自分でグルーミングを行っている

「グルーミング」は、動物が体の衛生や機能維持などを目的に取る行動です。動物は自分で皮膚や被毛などを手入れする習慣があります。犬の場合、舌で体や肉球を舐めてグルーミングします。犬はもともと群れで生活する動物なので、お互いに手入れをし合う習性もあります。

猫の場合は、舌で手を舐め、その手で顔の周辺をこすったり、舌で直接体を舐めたりして、毛並みの手入れをしています。

猫はもともと単独で狩りをしていた動物ですが、仲がよいと猫同士で互いに顔や頭の周辺を舐め合うこともあります。たとえば、母猫は生まれたばかりの子猫を舐めて、グルーミングを行います。毛並みを整えたり汚れを取り除いたりするのと同時に、血

流をよくする効果もあります。また、子猫は体が冷えやすいので、保護した場合は、体全体をなでて温めてあげることで、血流がよくなり成長の促進になります。

人が犬や猫のグルーミングや「トリミング（おもに伸びた毛をカットする）」を行うグルーマーやトリマーという専門家がいます。専門家に任せる前に、飼い主が子犬・子猫のときから体のどの部分に触られても平気なようにスキンシップをしておくとよいでしょう。少しでも触られるのを嫌がったらすぐにやめることも大切。触られるとよいこと（おやつや遊び）が待っていることを時間をかけて学ばせます。できるだけ多くの人に触ってもらう習慣をつけると、ペットの社会化にもつながります。

グルーミング・トリミングの10の効用

人が行うグルーミング・トリミングには次のような10の効用があります。

①皮膚や被毛の健康を保つ。

②毛を整えるほか、猫の毛球症（消化管内に毛がかたまって滞り、重症の場合は開腹手術も必要になる）を予防する。

③暑さの調節ができる。被毛を減らすことで体温を下げる。
④体調を管理できる。皮膚が赤くなっていないか、腫瘍がないか、痛がるところはないか、ノミ・ダニなどの寄生虫はいないか、爪・歯・耳などに異常がないかチェックできる。
⑤衛生を保つ。毛が手入れされていないと、犬はとくに尿道や肛門周辺の毛に尿や糞がつき、雑菌が繁殖する原因になる。
⑥血行がよくなり、代謝を高める。ブラッシングによって健康を保つことができる。
⑦ペットの体を触ることで、コミュニケーションを深め、信頼関係を築くことができる。
⑧美しさを保つ。毛に付着したホコリや汚れを落とすことができる。
⑨けがを防ぐ。犬の肉球はクッションや滑り止め、汗をかくなどの役割を果たしている。肉球の間から毛が生えると、滑り止めにならず、けがをする場合がある。
⑩部屋をきれいに保つ。毛をすいておけば、部屋に落ちる毛の量が減り、掃除も楽になる。

グルーミング・トリミングにはさまざまな効用があるので、ペットの健康を保つ意味でも、ぜひ習慣化することをおすすめします。ただし、すべての動物が必ずしも専門家によるグルーミング・トリミングを必要とするわけではありません。気になる人は専門家や動物病院に相談してみるとよいでしょう。

ペットと楽しく宿に泊まるには？

近年、ペットと泊まれる宿が増加

日本にはホテル・旅館を含む宿泊施設が約５万軒ありますが、ペットと泊まれる宿は、ようやく約２０００軒まで増えてきたところです。

ペットの飼育率（犬11・85％、猫９・６％。２０２０年調査より）を考えると、10〜20％（５０００〜１万軒）の宿がペットと宿泊できてもよい計算になります。そうなれば、ペットといっしょに旅行することが推進され、人口の減少が加速する中、旅行業界にも大きな経済効果が期待できます。

近年、ペットと泊まれる宿では、犬や猫だけでなく、ウサギや小鳥、フェレット、ハムスターなどの小動物を受け入れるところも増えています。ペットは今や大切な家族の一員であり、家族旅行といえば、ペットを連れていくのが当然だと考える飼い主

も多いのです。

ペットを受け入れる宿の一部には、ペット専用の温泉施設やプール、ペット専用の食事メニュー、自然を満喫できるドッグラン、記念撮影サービス、さまざまなしつけ教室や相談サービスなどが備えられています。また、館内を犬と散歩できたり、ペットといっしょに食事ができるルームサービスがあったりと、飼い主とペットがいっしょに楽しめる配慮がなされている宿もあります。

また、宿泊中にほかの飼い主と知り合い、ペットに関する情報交換をしたり、ペット同士が仲よくなりドッグランで遊ぶ様子を見たりするのも楽しいものです。

ペットと宿泊する際の注意点

ペットといっしょに宿泊する際にはマナーや注意点もあります。ペットを連れていない宿泊客も利用するので、迷惑をかけないようルールを守ったり配慮したりすることが大切です。

宿泊前に次の9項目を確認し、必要な準備をしておきましょう。

①宿への移動は、車や電車、飛行機など、どの交通手段を利用するか検討し、配慮すべき点を確認する。初めての旅行なら車がおすすめ。
②宿泊可能なペットの種類や大きさに制限がないか調べる。
③それぞれの宿のルールをホームページや電話で確認する。
④人とペットの宿泊料金を把握する。
⑤クレートやケージ、ふだん食べているペットフード、ペットシーツ、紙オムツなど、必要な物を確認し用意する。
⑥旅行前に動物病院で健康診断および必要な予防接種を受け、ノミ・ダニの駆除をして、泊まる宿に証明書を持参する。
⑦移動や宿泊によって、ペットにストレスを与えないか確認する。とくに猫やウサギは移動や自宅を離れることがストレスになる場合もあるので注意。
⑧犬の場合、旅行前にドッグランを利用するなどして、ほかのペットや飼い主との出会いの場を多く持ち、社会化訓練をしておく。
⑨宿に着いたら、屋外でブラッシングし、足を清潔にしてから館内に入るようにする。ペットも興奮している可能性があるため、部屋に慣れさせ、落ち着かせる時間を

持つようにする。初めて出会うペットに刺激されて暴れないように最初はリードをつけて様子を見る。

ペットとの家族旅行は、今までにない新たな楽しい思い出になります。人もペットもリフレッシュし、お互いの絆をより深めることにもつながることでしょう。

ペットシッターは人とペットの共生社会に貢献

「ペットシッター」に依頼する飼い主が増えている

ペットを飼育している高齢者や、外出・出張が多い人、あるいは旅行などで家を留守にする人が、最近「ペットシッター」に依頼するケースが増えています。

ペットシッターとは、飼い主の代わりにペットの世話をする人のこと。仕事の内容は多岐にわたります。ペットフードや新鮮な水をあげる、ブラッシングする、ペットといっしょに遊ぶ、散歩させる、トイレを掃除する、薬をあげる、部屋を掃除する、手紙や新聞をポストから取る、ペットの様子をスマートフォンの写真やビデオで報告するなど。時にはペットの訓練やグルーミングなども含まれます。

もし世話をしている間にペットの様子がおかしいと感じたり、病気やけがをしたりした場合、動物病院に連れていくことも必要です。したがって、ペットシッターは、

飼い主から必要な情報（動物病院を含めた緊急連絡先、ペットの年齢、種別、体重、既往歴、投薬情報、フードの食べ方、水の飲み方など）を聞き、また震災時はどこに避難するかなどを事前に確認しておかなければなりません。

ペットシッターは、飼い主の家で世話をすることが基本ですが、最近では「高齢ペットの預かり施設」、とくに「老犬ホーム」で活躍するケースも増えています。

フルタイムでもパートタイムでもできる仕事ですが、動物のケアや行動に精通していなければなりません。動物看護師として以前働いた経験があったり、ペット専門店で動物の世話をしたことがあったり、訓練士の経験があったりすることが理想です。資格は必要ありませんが、自分でビジネスとして行う場合には、「動物取扱責任者」の資格を取得しなければなりません。

飼い主から信用・信頼をされるペットシッターは繰り返し依頼されることが多いようです。また、ペットに対する愛情が深いペットシッターもよく指名を受けます。

信用できるペットシッターの増加が共生社会に貢献

ペットシッターとして大切なことと飼い主が望むことをまとめると次の10項目にな

ります。

①飼い主の家の鍵を預かるので、まずは人柄や人格が信用・信頼できる人
②飼い主の帰宅が急に遅くなる場合もありうるので、柔軟に対応できる人
③ペットの性格や行動に合わせて、忍耐強く穏やかに接することができる人
④ペットの気持ちを敏感に感じ取ることができる人
⑤豊富な経験があり、適切に判断できる人
⑥飼い主の求める要求を常に真摯に実行できる人
⑦ペットシッターがやむを得ない理由で時間に遅れる場合、事前に連絡するなど、ふだんからコミュニケーションを大切にする人
⑧ペットの取り扱いに関する保証について、事前の取り決めを提案してくれる人
⑨真の愛を持ってペットに接することができる人
⑩ペットと相性のよい人（事前に面談してチェックしておく）

ペットシッターにお願いする場合は、まずは飼い主とペットシッターがよく話し合

い、必要な確認を行うと同時に、ペットに事前に慣れてもらう必要があります。

信用・信頼できるペットシッターが増えれば、高齢者や家を留守にすることが多い人が「ペットと暮らしても大丈夫」という安心感を持てます。それは、人とペットの共生社会が実現することに一歩近づくことになるはずです。

複数頭を飼うときの注意点とは？

まずは飼い主が責任を持つ覚悟を

２０２０年に行ったペットフード協会の調査によると、犬を飼っている人は一世帯当たり１・25頭、猫を飼っている人は、ほぼ2頭に近い１・75頭と暮らしています。飼育に責任を持てない多頭飼いはおすすめできませんが、一生面倒を見る覚悟ができており、注意点を守りながら飼えるなら、複数のペットと暮らすことで楽しさも倍増するでしょう。

複数頭飼いを考えるとき、まずは飼い主側の準備として、複数のペットたちと暮らす十分な生活スペースの確保、飼育費用の用意、医療費などの予測、不妊去勢手術など、飼い主としての責任をしっかり果たす覚悟が必要になります。

また、現在暮らしている動物がほかの動物を受け入れられるかのチェックも大切で

す。犬は基本的に群れで暮らします。先住犬の社会化ができており行動が安定している場合は、犬同士がお互いに興味を持っていっしょに遊んだり、新たに迎えた犬が先住犬と飼い主との関わり方を見てマナーを学んだりすることが期待できます。1頭のときよりも、留守番をするストレスが減ることにもつながります。

ただし、先住犬のしつけが不完全なままだったりすると、さらに問題が広がる場合もあるので注意。飼い主のリーダーシップで犬との信頼関係を構築し、適切な社会化を行うことは、飼い主とペットたちがよりよい関係を構築するための基本になります。

猫の場合は、社会化期が犬（16週齢ごろ）に比べて短い（8週齢ごろまで）のが特徴。そのため犬よりも慣らすのが難しいのですが、無理強いせず継続的に慣らしていくことで、2頭目の猫を家族として迎えることができます。

食事や排泄にも十分な配慮を

新たに迎え入れるペットが猫の場合は、先住する犬・猫にいきなり会わせることは避けましょう。先住犬・猫の動ける範囲を限定し、新しい猫が離れた場所から様子を確認できるように配慮すると、慣れやすい環境がつくれます。人の手で運んだり車に乗せて移動させたりと、できるだけさまざまな環境変化を経験させると、社会化につながるのでおすすめです。

動物の体をつくる食事のことも理解しておきましょう。犬は雑食、猫は肉食。年齢によっても必要な栄養素は異なります（70ページ）。

複数頭飼いの場合は、それぞれの食事・水の量の摂取、排泄状態が把握しづらくなります。食事の際はサークルに入れる、部屋を区切るなど、それぞれがゆっくり安心して一定量を食べられるように配慮します。排泄量を把握するためにも、トイレの数は頭数以上の数を用意しておきましょう。

将来の大震災に備え、１頭ずつクレートトレーニング（ケージやキャリーバッグに入って眠る訓練）をしておくことも大切です。

ペットの熱中症対策はできていますか？

ペットの熱中症対策10か条

夏は海に行ったり水遊びをしたりと、ペットとの絆を深める楽しみが多い季節。その代わり特別なケアも必要です。犬や猫は人間と違い、ほとんど汗をかけず発汗による体温調節ができないので、暑さに影響を受けやすく、熱中症にもなりやすいのです。対処法として、次の10項目をあげておきましょう。

①十分な水と日よけを用意する。脱水症はペットの生命が脅かされている状態。新鮮で冷たい水を多く飲めるようにしておく。直射日光が当たらないようにも配慮を。出かけるときは常に冷たい水を入れたペットボトルを持っていく。とくに短頭種（鼻が低いパグやペルシャ猫）、高齢や肥満のペットは猛暑に弱い。

②ペットが水分を摂らないなら、ウエットフードを与え、水分摂取ができるようにする。

③日中の散歩は避ける。強い日光の下では熱中症にかかるリスクが高まる。アスファルトが暑くならない早朝か、夜の散歩がおすすめ。保冷剤のスカーフを装着することも有効。夜になっても道路が熱い場合は、肉球のやけどを防ぐため、ペット用の靴を履かせる。

④室内は冷房をかける。22～25度に設定し、冷感マットなどを敷く。暑さで食欲がないペットも、冷房をかけることで食欲が出る。

⑤ペットの状態を観察する。犬猫の平均体温は38～39度。水を飲んだり、息をハァハァしたりして、体温を下げる。平均体温より高い場合は要注意。おしっこがほとんど出ない、息を激しくハァハァする、歯茎が乾いている、歯茎が赤くなっている、よだれの量が多い、嘔吐や下痢、足がふらつくなどの症状があった場合は、すぐに動物病院で診察してもらう。冷たい水の中にペットを入れるとショックを起こすことも。病院に着くまで、濡れタオルでお腹のほうを冷やしてあげるとよい。

⑥夏はさまざまな虫が病気を媒介するので、刺されないように。庭の芝生は短く刈

り、動物病院でノミ・ダニの駆除をしてもらうことも大切。

⑦車の中に放置しない。車内は50度以上になる場合も。また、車の不凍液が漏れ出す危険性もある。不凍液は甘い味がするためペットが口にする恐れがあり、致命的な状態に陥ることがある。

⑧ペット用の日焼け止めクリームを用意する。短毛や皮膚がピンク色のペットは日焼けでやけどする恐れがある。どのクリームが合うかは動物病院で確認する。また、ペットの被毛は夏は体温を下げ、冬は体温を上げる役割をしている。夏だからと、毛をすべて刈るのではなく少し残したほうがよい。

⑨水遊びに注意。真夏はペットとプールや海で遊ぶ機会も多いが、ロープや障害物に引っかかりペットが溺れる場合もあるので、救命用具を身につけさせる。

⑩キャンプ場では火から遠ざける。キャンプファイアなどで、風向きによって火の粉でやけどする場合があるので注意。

夏はペットといっしょに旅をしたり、遊んだりする機会が増えますが、十分注意しながらペットとの絆を深め、楽しい思い出をつくってください。

気をつけたいペットの異物誤飲

ペットはいろいろな物を口にしてしまう

　赤ちゃんや幼児が家にあるさまざまな物を口に入れてしまわないよう、親や家族は注意しなければなりません。いっしょに暮らす大切なパートナーであるペットも同様です。ペットたちも人の目が届かないうちに、いろいろな物を食べてしまいます。家の中にはペットが食べると危険な物がたくさんあるのです。

　食べてはいけない物を食べてしまうことを「異物誤飲」といいます。好奇心旺盛な子犬や子猫に多いのですが、時に成犬や成猫、高齢犬・高齢猫にも見られます。

　アイペット損害保険会社が２０１８年12月に発表した調査によると、飼育している犬が異物誤飲をしてしまったことが「ある」と回答した飼い主は60・３％にも上りました。

異物によっては、ペットが吐き出すことができなかったり、便として出てこなかったりする場合があります。異物の大きさや形状によっては体内に留まることがあり、飼い主が誤飲に気づかないケースも多くあります。おもな症状として嘔吐や下痢、吐血、食欲不振、元気がなくなる、せき込む、などが見られます。

神奈川県・横浜の清水動物病院では、ペットの食道や胃、腸の中から次のような物が発見されています。ストッキング、くつ下、またたびの実、梅干しなどの種、骨、つまようじ、竹串、輪ゴム、毛糸、つり針、調味料のフタ、タオル、石、アイスクリームのヘラ。

輪ゴムは注意が必要で、色とりどりの輪ゴムが、ぐるぐるにからまって胃と十二指腸から出てきたケースもあります。

竹串の誤飲は異物の中でも多く認められ、先端が

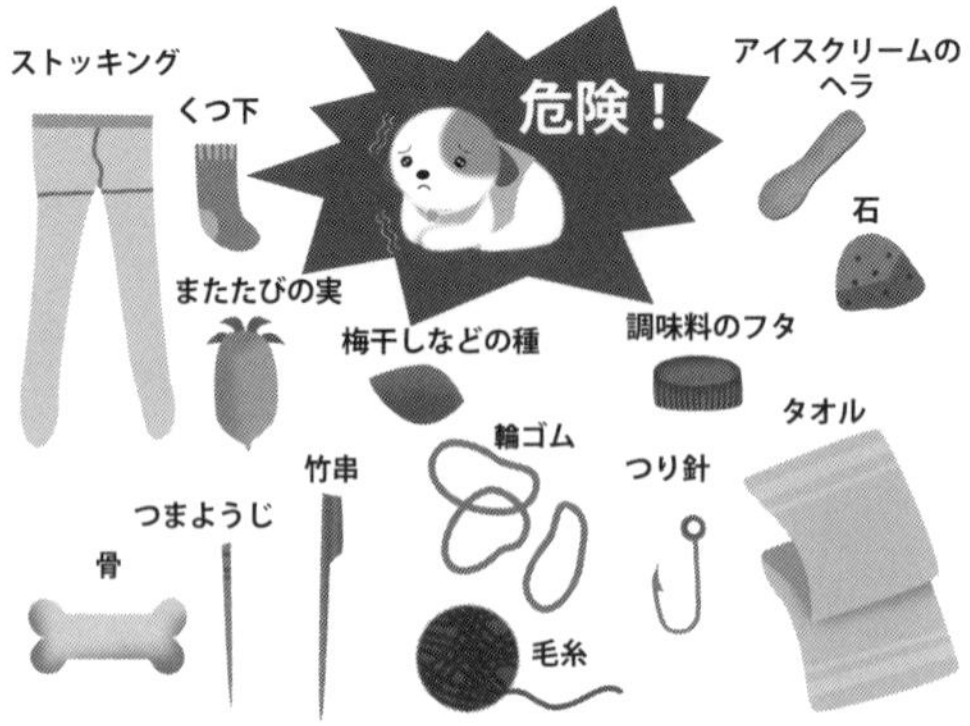

尖っているため、消化管穿孔《せんこう》などを起こしたり、食道に穴を開けたりして、生命に関わる恐れがあります。また、球状や立方体などの異物は腸の中で詰まりやすく、腸閉塞を起こし生命のリスクにつながります。

異物誤飲がわかったり、その恐れがあると判断できたりする場合は、飼い主が吐かせることは難しいので、すぐに動物病院で診察を受けることが大切です。

動物病院では、血液検査やエコー検査を行い、バリウムを飲ませてレントゲンを撮り、異物が食道や胃、十二指腸にないかを確認します。異物がある場合、まずは催吐処置で異物を吐かせます。吐かない場合には、大きさや形状などによっては、麻酔をかけて内視鏡手術や開腹手術を行います。異物誤飲は、繰り返しやすい疾患でもあり、胃を何度も切開していると、臓器が癒着する可能性もあります。

異物誤飲の防止策は？

異物誤飲のおもな防止策は次のとおり。

①危険な物はペットがジャンプしても届かない場所に移動させる。

②掃除を徹底する。
③ゴミ箱はすぐに開けられないものにする。
④危険な物は棚や引き出しにしまう。
⑤予防が大切なので、散歩の際、拾い食いしないしつけを行う。

飼い主として、日ごろから異物誤飲に気をつけてあげることが、いっしょに暮らす大切なパートナーであるペットへの思いやりであり、生命を守ることにつながります。

災害時に人とペットが共生するために大切なこと

人とペットの災害対策12のポイント

日本は、阪神・淡路大震災、東日本大震災、熊本地震のほか、台風なども含めると、何度も大きな自然災害に見舞われています。もともと日本は地震大国といわれており、今後も南海トラフ地震など、東日本大震災を上回る可能性のある大きな災害が起こると予想されています。人間のみならずいっしょに暮らしているペットも犠牲になる恐れがあるのです。

いつ起こるかわからない災害に備えるため、防災訓練を行うことが大切ですが、ここではふだんの備えと、災害に遭った際の心構えとして、12項目を紹介します。

①災害が発生すると、すべての人が被害に遭う可能性を考慮し、大切なペットは飼

い主自身が守るという意識がまず大切。逃げ出したペットを探せるよう、飼い主とペットが写った最近の写真をバッグに入れておく。ペットを探す際の手がかりにしたり、ペットの収容施設で自分が飼い主だと証明することができる。

②同行避難先で拒否されないように、狂犬病ワクチン、ダニ・ノミの駆除など、各種予防接種を受け、証明書を常に携帯する。避難所で発情期のペット同士が出会うことも考え、不妊去勢手術は済ませておく。

③迷子札やマイクロチップが装着されていないために、いっしょに暮らしていたペットが、生きていたにもかかわらず飼い主の元に戻ってこなかったケースがある。不幸な場合は、他人が里親になり、証拠がないからと飼い主にペットを返さなかった事例もある。首輪の表裏に油性のペンで飼い主の名前や住所、電話番号を明記しておく。念のため、自宅から遠く離れた親戚や友人の情報も書いておくと安心だ。マイクロチップには、最新の情報を入れておかないと役に立たないので注意（詳しくは104ページ）。

④避難先でもペットがおとなしく眠れるように、クレートトレーニング（ケージやキャリーバッグに入って眠る訓練）をしておく。

⑤ペットといっしょに避難する際に必要なペットフードや常備薬、消毒液、タオルなど「防災グッズ」を用意しておく。防災袋の中に大きめのペットボトルの水があれば、数日間は生きられる。缶詰やパウチタイプのフードだと水分も同時に摂取できるのでおすすめ。災害時はホコリが舞い目にゴミが入ったり傷ついたりする場合もあるので、ペット用の目薬や目の洗浄液を用意しておくと安心。

⑥ストレスでフードを食べなくなる場合がある。とくにウサギは胃腸の動きが止まることによって食べ物が胃腸に残り、ガスがたまる状態（うっ滞）を起こす場合がある。野草などを食べさせると改善することもあるが、死にいたる場合もあるので、早めに動物病院で診察を受けたほうがよい。

⑦同行避難する際は必要最低限の物しか持ち出せないので、「防災グッズ」を入れておけるバギーなどがあると便利。バギーはベッドとしても活用できる。

⑧かかりつけの動物病院の連絡先を確認しておき、近所に住む飼い主グループとのネットワークを日ごろより確立して、連絡や助け合いができる体制を整えたい。

⑨避難所にはペットが苦手な人もいるので、日ごろから社会化トレーニングを行い、人に好かれるペットにしておくことはとても重要。

⑩外出時に災害に遭遇した場合に備え、ペットの安否を確認してもらえる近所の人や知人と連携しておきたい。家にいるペットの様子を確認できるモニターカメラなどの設置も有効。

⑪ペットを家の中に残す場合、「家が倒壊していない」「水道が使える」「家に鍵をかけられる」の3つの条件が必要だ。猫の場合は、家に留まるほうがストレスの軽減になるケースもある。逃げないように鍵をかけて、3～4日分のフードや水、トイレを、できるだけ多くの場所に用意する。毛布やタオルケットを出しておくと、冬場はそこに潜り込んで暖を取ることもできる。台所の水道の蛇口からチョロチョロ水を出しておくと、新鮮な水も飲める。玄関などにペットが家の中にいることを知らせる張り紙をしておきたい。犬を家にやむを得ず残す場合は、猫とは別の部屋に入れ、猫と同じような物を用意したい。風呂場にアクセスができるようにして、水道の蛇口から水が少しずつ出るようにしておく。

⑫災害の場合、ペットより人間を救うことが優先だとする意見もある。だが、ペットと暮らしている人の中には、ペットがすべてと考える人もいる。ペットのケアも同時に行わないと、真の意味で人を救えないことがあることを、行政や社会福祉士、ケ

アワーカーの人たちにも知っておいていただきたい。防災訓練は常に飼い主と飼い主でない人の両方を対象に実施したい。

ほかにも留意したい点は多くあるのですが、環境省の「人とペットの災害対策ガイドライン」にも目を通しておくとよいでしょう。ペット防災も備えあれば憂いなし。人とペットがいつまでも幸せな関係を続けられるように、防災について日ごろから考えることを習慣化し、災害に備えたいもの。人と動物と環境の「ワンヘルス（One Health）」（218ページ）という考え方は、災害時でも重要であることを心に留めておきましょう。災害時も、人とペットは切り離せない「赤い糸」でつながっているのですから。

愛するペットのために保険に加入を

ヨーロッパではペット保険に加入するのはあたりまえ

ヨーロッパで成功している動物病院では、初めて来院する飼い主にさまざまな説明を行います。大切なもののひとつに保険があります。ペット保険は動物病院や保険会社の利益になるだけでなく、飼い主とペットが恩恵を受けるものだということを忘れてはなりません。

ペットの保険は、１９２４年にスウェーデンで初めて犬保険として導入されました。１９７２年には猫の保険も誕生。日本では、１９８６年からのトライアル期間を経て、２０００年に最大手の会社（ペット保険で約50％のシェア）が「どうぶつ健保」を導入しました。それ以来、さまざまなペット保険を取り扱う会社が増えてきました。

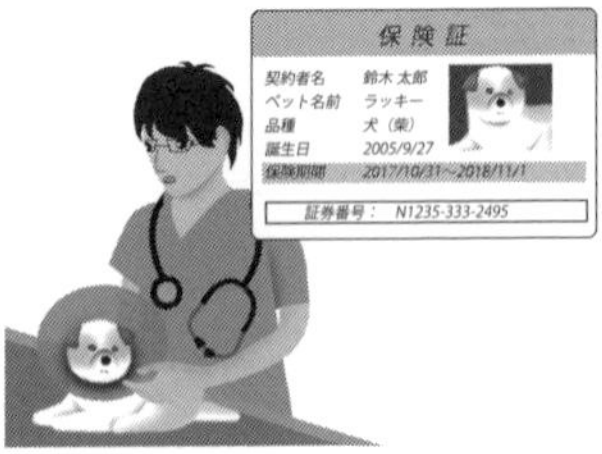

おもな国のペット保険の加入率は、スウェーデンが約50％、イギリス約26％、アメ

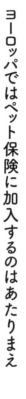

リカ約3％、日本では約10・3％となっています。日本におけるペット保険の市場規模は近年、毎年20％に近い割合で拡大しており、2019年では750億円となっています。

福祉国家で、保険加入率の高いスウェーデンでは、人間の保険と同じように、ペット保険に入るのは当然だという認識の人がほとんど。スウェーデンやイギリスなどで保険の加入率が高いのは次の5つが理由でしょう。

①ペットの家族化。自分をペットの飼い主というより「両親」であると考えるようになってきた。
②過去に高い診療費を支払った苦い経験がある。
③病気になってから保険に入るのでは遅いという意識が浸透している。
④安心感を享受できる。
⑤獣医診療を自由に選ぶことができる。

ペット保険のメリットとは？

ペット保険を取り扱う会社が増えている現在、飼い主がペット保険に入るメリットとしては次のようなものがあります。

①いつ必要となるかもしれない医療費に備えられる。
②ベストな治療を獣医師と相談しながら選択できる。
③さまざまな補償内容を確認したうえで決められる。

ペット保険は動物病院にもメリットがあります。

①治療費を気にせず治療法の選択肢が広げられる。
②飼い主が気兼ねなくペットの治療を受ける機会を増やすことができる。
③飼い主とコミュニケーションを強化する手助けになる。

また、ペット専門店・ブリーダーにとっては、ペット販売に関するトラブルを軽減することにつながる利点があります。

日本ではペット保険を取り扱う会社が約20社あります。ペット保険に加入する際は、保険料、補償の中身（通院・入院・手術）、補償の割合、免責内容などをよく検討したうえで選ぶようにしましょう。

ペットも高齢化が進み、２０２０年の時点で7歳以上の高齢犬の割合は55・６％、高齢猫は44・１％になり、ペットの医療費も増えつつあります。愛するペットに十分な医療を施してあげたいならば、ペット保険は大いに助けになることでしょう。

海外では、予防医学の観点から病気でないペットの健康チェックにも適用になるペット保険健康プランの存在も増えつつあります。日本でも導入する会社が出てくれば、ペット保険はさらに飛躍的に発展することになると見込まれます。

マイクロチップ装着は1日も早く！

改正動物愛護管理法でマイクロチップ装着が義務化

2019年6月12日の参議院本会議で、改正動物愛護管理法が全会一致で可決、成立しました。今回の改正法は、販売用の犬・猫に飼い主の情報を記録したマイクロチップ装着を義務化することなどを柱としています。犬・猫の繁殖業者・販売業者などには販売前の装着と所有者情報の環境省への登録、犬・猫を迎え入れた飼い主には情報変更の届け出をそれぞれ義務付けています。マイクロチップの義務化で飼い主の責任を明確にすることで捨て犬・捨て猫を防ぎ、災害時には飼い主を特定することが可能となります。

私は以前からペットにはマイクロチップを装着することを提唱してきました。ようやく関係者のご尽力で実施されることが決まったわけです。

しかしながら、実施は2022年6月からで、すでに犬・猫を飼育している飼い主に対しては装着は努力義務とされています。

近年、日本は自然災害が頻発しており、いつ大災害が発生してもおかしくない状況です。装着時期を先延ばしすることは、阪神・淡路大震災や東日本大震災で犬・猫の所有者が長期間にわたって特定できなかった不幸が繰り返されてしまいます。動物愛護や福祉の観点からも疑問を抱かざるを得ません。

2020年12月末時点で、日本獣医師会によるマイクロチップ装着頭数の調査から試算すると、日本の装着率は犬が16・8%、猫では4・2%に留まっています。言い換えると、装着されていない犬は740万8000頭、猫は924万2000頭にも上ります。すでに飼われている犬・猫には努力義務とされましたが、そうするとすべてのペットには装着されないことになり、災害時にまた同じ不幸な事例が出る可能性があります。

マイクロチップのメリットとは？

最近のマイクロチップは直径1・4～1・6ミリ、長さ8～12ミリ程度の円筒形で、ペットへの負担も以前よりは軽くなっています。マイクロチップは獣医師の先生が注射器で体に埋め込みます。情報を入力した15桁の番号を専用のリーダーで読み取ると、飼い主の情報がわかるしくみです。

マイクロチップを体内に埋め込むことに抵抗のある飼い主もいるでしょう。しかし、マイクロチップを装着することには次のようなメリットがあります。

①災害時など、逃げ出したペットといち早く再会するのに役立つ。
②ペットの盗難を減らすことに貢献する。
③健康管理に利用できる。
④捨て犬・捨て猫を防ぐ。
⑤殺処分されるペットの数を飛躍的に減少させる。
⑥飼い主に安心、ペットに安全を与え、不幸なペットを激減させる。

マイクロチップの情報は常に最新のものにしておく必要があります。また、データを読み取るリーダーも、動物病院やペット専門店、ブリーダーだけでなく、ペット用品のお店や災害時の避難所など、できるだけ多くの場所に設置されるのが理想です。

ちなみに、海外の主要国では、マイクロチップの装着が義務化されています。ペットといっしょに日本から海外へ旅行する際は「マイクロチップ埋め込み証明書」を持っていかなければなりません。また、海外から日本へ犬猫を連れてくるときも「証明書」が必要になります。

東日本大震災では、逃げ出した犬がほかの人に里親として引き取られてしまうことがありました。実際の飼い主がようやく見つけ出し、「わが家の犬だから返してほしい」と頼みましたが、家が流されて写真や証明するものがなかったために返してもらえなかった、という不幸な事態も起こりました。

前述のメリットを活かし、これ以上不幸な事態を起こさないためにも、すべての犬・猫に1日も早くマイクロチップが装着されることを切に望みます。

ペットの〝旅立ち〟をどう迎えるべきか

ペットの葬儀を行う人が年々増加

人もペットもいつか必ず〝旅立ち〟を迎えます。私も今まで数多くのペットたちとの出会いと別れを経験してきました。

数年から約20年という寿命の中で、ペットとの共生は本当に貴重なもの。さまざまな素晴らしい思い出をペットたちは人にもたらしてくれます。

2020年の調査によると、犬の高齢化率（7歳以上）は55・6％、猫は44・1％と、人間以上にペットの高齢化が進んでいます。それにともない、旅立つ犬と猫の数は毎年急増しています。ペットが高齢になると自然と体が弱ってくるのがわかるので、「あとどれだけいっしょにいることができるだろうか？」とつい考えてしまう飼い主も多いようです。

愛するペットの〝旅立ち〟にどう向き合い、どのように見送ったらよいのでしょうか？

不幸にもペットが亡くなったときは、思いっきり泣く時間を惜しまないことが大切。悲しむだけではなく、今までいっしょに過ごし、楽しい時間を提供してくれたペットに感謝したいものです。

感謝の気持ちを持ち、心の整理をするために、人が亡くなった場合と同じように、ペットの葬儀を行う人が年々増えています。たとえば、東京にある増上寺では、毎年1000人を超える飼い主たちが参列し、亡くなった動物を供養する「動物慰霊祭大法要」を行っています。また、動物霊園葬儀社が全国で約1000社あり、その数はペットの高齢化にともない、増え続けています。

ペットを火葬するには？

ペットも人と同じように火葬されることが多いのですが、火葬のやり方は次の3とおりあります。

①ペットの遺体をほかの飼い主と合同で火葬し、遺骨は共同墓地に埋葬される「合同火葬」
②ペットの遺体を預けて個別に火葬し、骨壺に収める「個別火葬」
③人間同様、火葬に立ち会い拾骨する「立会火葬」

最近は、亡くなったペットと同じ墓に入りたいと希望したり、海洋散骨や樹木葬を望んだりする飼い主も見受けられます。

東京都獣医師会霊園協会の齊野勝夫会長は、次のような方法で、信頼できる霊園を選ぶことを推奨しています。

①お世話になった動物病院に相談する。
②身近で動物を亡くした経験のある人に聞く。
③インターネットなどで検索し評判を調べる。

霊園によって葬儀のやり方や費用が異なるので、よく確認して決めるようにしましょう。

初めてペットの葬儀を行ったことで「心の整理ができた」と葬儀社に感謝の気持ちを述べる人たちが最近は多くなったと聞きます。亡くなったペットは、いつまでも飼い主が悲しんでいることを望んでいないでしょう。飼い主が悲しみを乗り越え、早く元気になってくれるのを天国から祈っているはずです。心のこもったお葬式をして、心の整理をしてみてはいかがでしょう。

人とペットの素晴らしい思い出の「赤い糸」は、いつまでも人とペットの心の中でつながっていることでしょう。

ペットロスを克服するには？

ペットロスで悲しむ人に休暇を

ペットの死は、ペットと暮らしている人なら誰もが経験します。かけがえのないペットを亡くし、世間でいう「ペットロス」になる人も少なくありません。

そもそもペットロスとは、愛するペットを失ったことで、長期にわたってそのショックやストレスから立ち直れない状態を指します。なかには、「親が死んだときより悲しい」「心にぽっかり穴が開いたようだ」「ペットの写真ばかり眺めている」「来世でまたあの子に会えるだろうか」「どんな慰めの言葉も意味がない」「仕事が手につかない」などと思い詰める人もいます。軽度な状態で済む人もいれば、抑うつ状態になってしまう人もいて、ペットロスになるとさまざまな反応が出ます。

私が外資系ペットフード会社の社長だったとき、ペットを亡くした社員が悲嘆にく

れ仕事が手につかず、会社を休むケースがありました。

そこで、2005年11月1日、ペットと暮らす社員に適用する「扶養ペット慶弔規程」を世界で初めて制定。家族が亡くなった場合と同じように、ペットの死亡弔慰金を支給したり忌引き休暇の取得を認めたりしました。休暇はわずか1日でしたが、「人間の家族と同じようにお葬式や供養ができた」「思いっきり泣く時間が取れた」「心の整理にいい時間だった」と、社員から感謝の言葉をもらいました。

ペットロスを克服するためのヒント

ペットとの関わり方には人それぞれ違いがあり、ペットロスを克服するといっても「これが最善の方法」と一概に断定することは難しいものです。ただ、ペットロスを克服してきた人たちの経験から、次のような方法が参考になるかもしれません。

①思いっきり泣く時間を惜しまない。
②親友・知人などに自分の気持ちを聞いてもらう。
③お葬式をして心の整理をする。

④ペットの骨などをアクセサリーとして身につける。
⑤ペットロスホットラインに相談する。
⑥前のペットのことをできるだけ思い出さないように、異なる種類のペットを迎え入れる。
⑦うつ病などを発症しかねないほど精神的なダメージが大きいなら、心療内科の医師などに相談する。

ペットを迎え入れる前に、ペットフード協会のペットの寿命に関する2020年の調査（犬14・48歳、猫15・45歳）などを確認し、ペットは人間より早く歳を取ることをよく認識しておきましょう。ペットが高齢になってきたら、動物病院の先生や専門家を訪れ、ペットのケアはもちろんのこと、飼い主の心のケアをお願いすることも有効です。

ペットといっしょに暮らすことで、お互いにQOL（生活の質）を高め合えたことに感謝しながら、悲しみを乗り越える方法をみずから考えていきたいもの。みんなで寄り添い、サポートし合えるやさしい社会をつくりたいですね。

第2章　ペットを知る

人生100年時代の人とペットのあり方とは？

ペットと暮らせば医療費が削減できる

日本の2020年度（2020年4月〜2021年3月）の医療費は、約43兆円になる見込みです。医療費が高額なのは、平均寿命と健康寿命の差に理由があります。厚生労働省の発表によると、2019年の日本人の平均寿命は、女性が87・45歳（世界第2位）、男性が81・41歳（世界第3位）と過去最高を更新しました。しかしながら、健康寿命（介護を受けたり、寝たきりになったりせずに生活できる年齢）は、直近のデータがある2016年で、女性がマイナス約12歳、男性がマイナス約9歳になっています。この平均寿命と健康寿命の差をいかに小さくし、医療費を削減するかが政府にとって大きな課題となっています。

医療費の削減とペット飼育には相関関係があることが海外の調査研究から明らかに

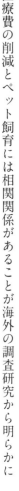

なっています。通院回数は、ペットと暮らしていない人は年10・37回であるのに対し、ペットといっしょに暮らしている人は8・62回にとどまっています（1990年シーゲルによる調査）。また、少し古いデータにはなりますが、ペット飼育により、ドイツでは年間7547億円、オーストラリアでは年間3088億円の医療費の削減効果が報告されています（1985年ヒーディらによる調査）。これらの金額は各国の医療費全体の8～10％にあたります。日本でも同じような状況だとすれば、約4兆円の削減効果が期待できることになります。

私がペットフード協会の会長だった時代（2014年）に、外部の調査機関の協力を得て、政府が行うのと同様の手法で健康寿命を調査したことがあります。その結果、「犬を飼っていて散歩に連れていく」人は、「ペット飼育経験なし」の人と比べて、男性は0・44歳、女性はなんと2・79歳も健康寿命が延びることがわかりました。

日本のペット保護施設には、60歳以上の人にはペットを譲渡しない年齢制限を設けているところがあります。2020年の犬と猫の平均寿命は、それぞれ14・48歳、15・45歳となっています。人の年齢60歳にペットの平均寿命をプラスすると、犬で74・48歳、猫では75・45歳ということになります。保護施設では、60歳からペットと暮らしても、一生は世話できないものと判断しているようです。しかしながら、2019年における60歳になった高齢者の平均余命は、女性が約29年、男性が約24年もあるので、女性は約89歳まで、男性は約84歳まで生きられる計算になります。

高齢者がペットといっしょに暮らすメリット

アメリカ・ロサンゼルスのアニマルシェルターでは、高齢者がペットと暮らすメリットには次のような10項目があるとして、その情報を積極的に発信しています。

①ペットと暮らす人は暮らしていない人と比べて血圧が低く、ペットに話しかける人は血圧の降下作用が認められた。
②犬を世話する人は、そうでない人と比較して医者にかかる回数が21％減少した。
③ペットと暮らす人はうつ病にかかるリスクが減る。
④ペットの話をすることで、友人が多くできやすい。
⑤ペットを散歩に連れていくなど、より活動的になる。
⑥ペットをよき友としてみなす。

⑦ペットの存在が夫や妻を失ったストレスを軽減する。
⑧寂しさが減少する。
⑨ペットをケアすることで、自分自身の体も大切にする。
⑩信頼しているペットがいることで、日常生活において安心・安全の感情が芽生える。

以上のような項目にプラスして、次のことも忘れてはならないでしょう。

⑪高齢者の寝たきりが改善する。
⑫生活にメリハリがつき、リズムが生まれる。
⑬笑顔が増える。
⑭ペットとの触れ合いで、人もペットも幸せホルモンであるオキシトシンの量が増加する。
⑮高齢者がかかりやすい心疾患で入院した患者について、退院1年後の生存率を比べると、ペットと暮らしていない人が71・8%だったのに対し、ペットと暮ら

している人は94・3％と、より高かった（１９８６年10月23日『WALL STREET JOURNAL』発表）。

若い人であっても必ず長生きできるとは限りません。欧米のように年齢制限を設けず、積極的に高齢者がペットと暮らすことを支援・サポートするしくみやインフラを整備していくことが、人生１００年時代における人とペットの共生の正しいあり方でしょう。

ワンちゃんが子どもの読み聞かせ能力向上に貢献

子どもは犬に本を読んであげたくなる

２０１９年10月に、文化庁の「国語に関する世論調査」結果が発表されました。「１か月にだいたい何冊くらい本を読むか」の質問（複数回答）に対して、「読まない」が47・３％、「読書量は減っている」と答えた人は67・３％でした。また、全国大学生活協同組合連合会が行った「第56回学生生活実態調査」（２０２０年）によると、大学生の47・２％は１日の読書時間がゼロという結果になりました。

欧米の調査では、本の読み聞かせ能力が低下している子どもが増えている中、犬に本を読み聞かせると、犬があたかもおとなしく聴いているかのように子どもには見え、より多く本を読んであげようという気持ちにつながることがわかっています。子どもの読み聞かせの能力を高めるのに犬を介在させる「リードプログラム」です。

ここでは、日本で読書意欲を高めるとして注目された、東京の三鷹市立図書館と日本動物病院協会（ＪＡＨＡ）による取り組みを紹介します。

日本でも犬への読み聞かせプログラムが行われている

欧米のリードプログラムを取材してきたジャーナリストでノンフィクション・写真絵本作家の大塚敦子氏が、ＪＡＨＡ元会長の柴内裕子先生と、三鷹市立図書館館長の田中博文氏を引き合わせしました。そして、２０１６年から定期的に、ＪＡＨＡのボランティアの飼い主の協力を得ながら、「わん！だふる読書体験」プログラムを行ってきました。

２０１９年11月9日には、ＪＡＨＡボランティアチームリーダーの風祭紀子氏含め9人のボランティアが、6頭のワンちゃんとともに、7人のお子さんへ読み聞かせ体験と、ワンちゃんとの触れ合い体験を提供しました。私も大塚氏とともにこの活動を視察していきます。これまで延べ２４３人のボランティアと１６２頭のワンちゃん、２０７人のお子さんが参加しました。

ご家族からは、イベントに参加したお子さんについて次のようなコメントが寄せられています。「本を読み切れるようになった」「読書に興味を示すようになった」「動物の本を見つけて、読んであげるようになった」「犬と暮らしたいと言う」「思いやりの気持ちを持って本を読んであげていた」「これからも三鷹市立図書館に通いたいと言っていた」「集中力が上がった」「家で本を読む練習をしてから図書館に行くようになった」「自分の好きな本をワンちゃんに読んであげようと思ったようだ」「読み聞かせ体験後のワンちゃんとの触れ合いや散歩が楽しそうだった」「どのワンちゃんもおとなしくお利口でびっくりしたと言っていた」

ＪＡＨＡの先生方とボランティアの方々に敬意を表するとともに、全国の図書館でもこのようなイベントが開催されることを期待します。また、ペット関連業界がこのような素晴らしいプログラムを積極的に支援するようになったら、子どもたちの情操教育に貢献するばかりでなく、犬の飼育頭数減少の流れを止めることにもつながるはずです。

優れた嗅覚を持つ犬ががん発見の救世主に

犬の嗅覚はがんのにおいも嗅ぎ分ける

２０１９年の人口動態統計によると、日本人の死因のトップ３は、１位「がん」（27・３％）、２位「心疾患」（15％）、３位「老衰」（８・８％）。１９８１年以来トップの座を占める「がん」で亡くなる人は年々増加しています。

そのような中、犬の嗅覚の助けを借りて、がんの早期発見を試みる動きが欧米の病院や大学、医師、科学者および研究者を中心に行われています。近年、日本でも同様の研究と「がん探知犬」の育成が始まっています。

犬の嗅覚は、人間の１００万倍から１億倍優れているといわれています。においの成分を１００万倍から１億倍に薄めて実験を行ったところ、種類によって多少異なるものの、犬はそのにおいを感じ取ることができたという実験結果があります。より具

体的な嗅覚機能についても検証されています。たとえば、チョコレートケーキのにおいを嗅ぐと、人はひとつのにおいとして感じますが、犬はケーキに使われている小麦粉や砂糖、卵など、混在する原材料を別々に嗅ぎ分けることができたのです。

がんを発見するために、においを嗅ぐ対象となるのは、人の呼気や尿、唾液、血液、血漿《けっしょう》など。これらを犬に嗅いでもらって、がんかどうかを判断する方法がとられています。すべての病気ににおいがあり、がん細胞そのものにもにおいがあることがわかってきました。

がん探知犬の感度は非常に高く、早期がんにも反応し、その的中率は大学の研究機関により、１００％近いことが実証されています。血液のがんである白血病や、「沈黙の臓器」といわれる膵臓《すいぞう》のがんもステージ０で見つけた実績があるそうです。婦人科系のがんも人の尿のにおいから90％以上の確率で嗅ぎ分けたとのこと。アメリカの調査によると、犬の感知能力はマンモグラフィー検査より正確だといいます。

健康診断で犬の嗅覚が活躍

やさしさと思いやりがより大切になるこれからの時代、それを象徴する動物である犬が、健康診断で重要な役割を果たす局面が今後は増大するだろうと予測されています。がん探知犬の高い的中率をもとに呼気センサーが開発される日もくるでしょう。正確さが求められるがん検診判定において、まさに犬による「人間〝ドッグ〟」が求められているといっても過言ではありません。

山形県金山町では、定期健診を受ける町民を対象に、がん探知犬による無料検査が行われたこともあります。九州大学でも、がん特有のにおい分子を特定する研究が進められています。

さらに、がんだけではなく、感染症の探知犬も活躍が期待されています。イギリスの研究チームが6頭を使って実験した結果、94%の精度で感染者の汗のにおいを嗅ぎ分けられたとのことで、空港で実証実験が行われています。また、フランス国立獣医大学は、感染症の一般的な検査よりも精度が高い97%の確率で犬が感染者を探知できた、という研究結果を2021年5月18日に公表しました。

犬はがんや感染症発見の救世主になるかもしれないのです。

ホスピスケアで患者を笑顔にする犬

飼い主の入院する病室を愛犬が訪問

高齢化が進む日本において、ホスピスの施設も増えつつあります。ホスピスでは、人の尊厳を大切にしながら、終末医療においてさまざまなケアが提供されています。一方、緩和ケアは、早期疾病の段階から患者に提供されています。

ホスピスケアや緩和ケアの一環として、欧米では約70年前からセラピードッグを用いた動物介在療法が行われています。動物と触れ合ったり抱きしめたりする行為は、患者の不安を軽減し、癒やしを与えることがわかっています。アメリカではホスピスケアを提供する約60％の病院が動物介在療法を取り入れています。

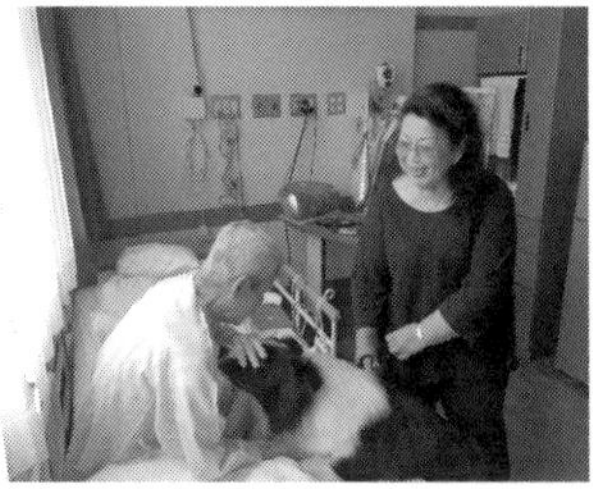

日本でもさまざまな団体・組織が20年以上前から動物介在療法を提供しています。「ＪＫＣ横須賀全犬種クラブ」（代表・佐藤美津子氏）もそのひとつ。１９９６年から、

クラブの有志が高齢者や障害者の施設へ訪問する活動を始めており、２００９年からは神奈川県のホスピス施設も訪問しています。

ホスピス施設への訪問は、クラブのメンバーの女性がホスピスに入院したことがきっかけでした。

その女性は愛犬の柴犬と暮らしていました。彼女が入院していたホスピスの意向もあり、佐藤代表は預かった柴犬を連れて毎日女性の病室を訪れました。女性はもちろん大喜び。トレーニングを受けていた柴犬は、さまざまな「芸」を患者さんやホスピススタッフに披露しました。みんなに「お利口さんね」とかわいがられ、飼い主の女性も愛犬の姿に自慢げでした。

ワンちゃんが患者やスタッフを笑顔に

女性が亡くなったあと、ホスピスへの感謝の気持ちから、患者さんに楽しんでもらったり、元気を与えたりすることができればと、クラブのメンバーがワンちゃんといっしょにホスピスを訪問することを提案。現在では、毎回３頭ほどで訪問するようになっています。

クラブのメンバーのひとり佐古房子さんは、日時の調整がもっとも苦労する仕事と話します。個室訪問が中心なので、少人数で訪問することになります。

患者さんも毎回ワンちゃんの訪問を楽しみにしており、愛犬の写真を見せてくれたり、犬談義に花を咲かせたりすることもあります。なかには、ワンちゃんが訪問する日は髪の毛をとかし、おめかしして待っている人もいます。患者さんだけでなく、ホスピスのスタッフからも「癒やされる」と大歓迎を受けます。

私はクラブの相談役をしているので、メンバーといっしょにホスピスを訪問したことがあります。患者さんは犬と触れ合うことで自然と笑顔になります。犬は人の笑顔を生み出し、表情を失った人から豊かな表情を取り戻すことに貢献する動物といっても過言ではないでしょう。

クラブでは、ホスピスへの活動に参加する人とワンちゃんを募集しています。希望する人は、メール（Yds.training@gmail.com）にお問い合わせを。

災害救助犬があなたの命を救う

被災地で災害救助犬が活躍

　災害が発生した際、家の下敷きになっている人や行方不明者を捜すため、献身的に活動している犬。それが「災害救助犬」です。においの種類にもよりますが、人の約100万倍から1億倍という犬の優れた嗅覚が現場では真価を発揮します。災害救助犬は、英語では、「Search and Rescue Dog（捜索し、救助する犬）」といわれています。

　スイスは山岳救助に犬を使っていたことから、災害救助犬が初めて活動した国とされています。犬種はジャーマン・シェパードやラブラドール・レトリーバーなど大型犬が多いのですが、どの犬種でも災害救助犬になれます。小型犬なら、大型犬では入り込めないような隙間を捜索することもできます。

　災害救助犬は大きく分けて次の3つに分類されます。

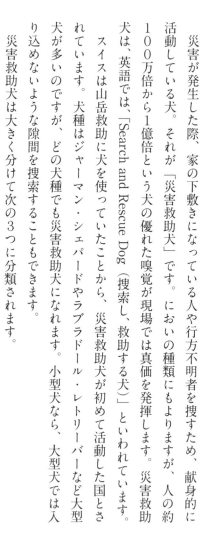

①地震などによる家屋崩壊現場で被災者を捜索する地震救助犬
②山での遭難や行方不明者を探索する山岳救助犬
③海や湖で遭難者救助にあたる水難救助犬

日本では、１９９０年からジャパンケネルクラブ（ＪＫＣ）が災害救助犬を育成する事業を開始。全国に約30か所の育成訓練所があり、訓練は最低６か月を必要とします。ＪＫＣでは、災害救助犬の迅速な出動と円滑な捜索活動のため、各自治体と「災害救助犬の出動に関する協定」を締結しています。防災週間（９月１日を含む１週間）には、全国各地の防災訓練で被災者捜索の実演を行っているので、一度ご覧になってはどうでしょう。

東日本大震災などで被災者を捜索

ＪＫＣのほかにも災害救助犬の組織があり、日々活動しています。都道府県ごとに独自に活動している団体も多くあります。最近では、警察嘱託犬として、捜索救助や災害救助という部門で災害救助犬を活用している都道府県警察も増えてきており、行方不明者の捜索に出動することも多くなっています。

１９９５年1月の阪神・淡路大震災から２０１６年4月の熊本地震まで、さまざまな震災に災害救助犬は出動しています。たとえば、２０１１年3月11日に発生した東日本大震災では、ＪＫＣが地震発生翌日に宮城県と福島県にそれぞれ先遣隊を派遣。同年3月24日までの間、8チーム43頭の災害救助犬、指導手29名が出動し、各地の災害対策本部や自治体の指揮のもとで被災者の捜索にあたりました。

災害救助犬の訓練や試験は、ＪＫＣをはじめ国内のおもな団体で実施されています。世界的に訓練レベルを向上させることを目的に、犬の総合教育社会化推進機構（ＯＰＤＥＳ）や、救助犬訓練士協会（ＲＤＴＡ）による試験も行われています。

いつ起こるともわからない災害に備え、人命の救助や行方不明者の捜索のために、災害救助犬は指導手の人たちとともに日々活動しています。私も長年にわたり、災害救助犬の育成支援に微力ながら関わっています。近い将来起こると予測されている南海トラフ地震に備えるため、さらに支援の輪を広げたいものです。

違法薬物の流入を防ぐ麻薬探知犬

優れた嗅覚を活かして麻薬を発見

人の約100万倍から1億倍の嗅覚を持つ犬は、さまざまな場面で活躍しています。海外から持ち込まれる麻薬や違法薬物などを水際でくい止める活動をしているのが麻薬探知犬です。英語では、「ドラッグ・ディテクター・ドッグ（Drug Detector Dog）」または「ドラッグ・スニッフィング・ドッグ（Drug Sniffing Dog）」と呼ばれます。麻薬のにおいを嗅ぎ分け見つけ出すのが仕事。国内外の空港で、スーツケースなどの荷物に鼻を近づけて、くんくん嗅ぎまわっている麻薬探知犬を見かけることも多くなってきました。

麻薬探知犬の歴史は、1935年にカナダでジャーマン・シェパードとともに活動をしたのが始まりといわれています。日本では1979年、アメリカの税関の協力を

得て連れてこられた2頭が、成田国際空港の税関に配置されたのが最初。２０２１年５月時点で約１３０頭が全国の空港や港、国際郵便局などの税関で活躍しています。

麻薬探知犬のおもな犬種は、ビーグルやジャーマン・シェパード、ラブラドール・レトリーバー。日本ではジャーマン・シェパードとラブラドール・レトリーバーが活動していますが、海外ではビーグルが選ばれます。その理由は、犬の中でもとくに優れた嗅覚を持っているから。1歳から約8歳までが麻薬探知犬として活動しています。

麻薬探知犬は、能動的なアグレッシブドッグ（Aggressive Dog）と受動的なパッシブドッグ（Passive Dog）に分けられます。アグレッシブドッグは、荷物の中の麻薬を探知し、足で引っかいて税関職員（ハンドラー）に知らせます。パッシブドッグは、旅行者が持ち込む麻薬を探知し、その場に座って知らせます。

麻薬探知犬になるには高度な訓練が必要

麻薬探知犬の訓練には麻薬のにおいが使われます。麻薬は厳しい管理が必要なため、育成施設は「東京税関監視部麻薬探知犬訓練センター」１か所に限られています。そこでは、大麻や覚醒剤、ヘロインのにおいの嗅ぎ分けなど、約4か月にわたる高度な訓練を行っています。訓練を修了したあと試験に合格すると、麻薬探知犬として認定されます。現在は、センターに入所する犬の約3割のみが合格しています。

麻薬探知犬の訓練士になるには、国家公務員試験に合格し、東京税関の職員になることが必要ですが、希望どおり配属されるとは限りません。体力の必要な仕事であるため、犬に指示を与えるハンドラーに選ばれるのは、一般職で採用された若手の職員が多いのが現状です。犬といっしょに走り回ってトレーニングを行うので、強靭な体力だけでなく、忍耐力と強い精神力も求められます。また、ハンドラーを経てインストラクターになる道もあります。

トレーニングの際、犬が麻薬のにおいを嗅ぎ当てると、ハンドラーは犬の大好きな玩具を与えます。犬は麻薬を発見すると遊んでもらえることがモチベーションになります。そこで、犬を飽きさせないような遊びを工夫することも必要になります。

麻薬探知犬が引退すると、里親に引き取られたり、ハンドラーと暮らしたり、あるいはセンターで余生を過ごしたりします。

ハンドラーと麻薬探知犬は信頼関係を構築しながら、国民生活を守るため日々活躍しているのです。

人々の安全を守る警察犬の実態とは？

警察犬はどんな活動をしているか

警察犬は１８９６年にドイツで初めて活動を開始し、ヨーロッパを中心に普及しました。現在では世界のほとんどの国で警察犬が活躍しています。

日本では、１９１２年にイギリスからラブラドール・レトリーバーとコリーを受け入れたのが始まり。２０１９年末時点で日本で約１２００頭の警察犬が活躍しています。

犬には、一人ひとりの体臭の元となる酢酸のにおいを嗅ぎ分ける能力があります。人と比べて約１００万倍から１億倍嗅覚が優れていることから、警察犬はおもに次のような活動に従事しています。

①捜索活動
徘徊する高齢者や迷子の子ども、行方不明者、遭難者を遺留品のにおいから捜索する。２０２０年の65歳以上の人口は３６１７万人、高齢化率が28・７％となり、約６０２万人の認知症患者がいると推測されている。２０２５年には６７５万人にも上ると予測され、警察犬が活動する機会も増えると推測される。
②臭気選別活動
遺留品のにおいと容疑者のにおいを選別する業務。犯人のにおいを特定し、警察官が容疑者を逮捕する手助けを行う。
③パトロール活動
おもに警察官とともに行動しパトロールや監視、護送などを行う。警察官・トレーナーの指示に従って犯人を取り押さえようと、俊敏な身のこなしや鋭い牙で、勇猛果敢に闘う大型犬もいる。

警察犬の訓練とは？

以前は警察犬というとジャーマン・シェパード、ドーベルマン、エアデール・テリア、コリー、ボクサー、ラブラドール・レトリーバー、ゴールデン・レトリーバーの7犬種に限られていました。現在では、小型犬のトイプードル、ロングコートチワワ、ミニチュア・シュナウザー、柴犬などの犬種も活躍しています。

警察犬は各警察に所属し訓練される「直轄警察犬」と、民間の訓練所に登録されている「嘱託警察犬」に分けられます。2019年末時点で、直轄警察犬が約160頭、嘱託警察犬が1000頭以上います。

直轄警察犬の訓練は各都道府県の警察が行います。訓練は約18か月間行われ、「上級検定」に合格した犬が「警察犬」として活動できます。

一方、嘱託警察犬の訓練は民間の訓練所が行います。嘱託警察犬も約18か月の訓練期間を必要とします。服従訓練や嗅覚訓練、警戒訓練などが行われています。犬種にもよりますが、約2歳から約10歳までが警察犬としての活動期間です。引退後はトレーナーと暮らすケースが多いのですが、里親に引き取られる場合もあります。

東京家畜博愛院には警察犬慰霊碑があります。人々の安全を警察官とともに守り続けた警察犬への感謝と慰霊として、毎年春・秋のお彼岸に慰霊祭が開催されています。

日本犬を天然記念物から世界遺産に

天然記念物に指定された日本犬

犬の種類は、世界の在来種や絶滅した種まで含めると、700～800になります。日本では明治から昭和初期にかけて、洋犬の移入などによって雑化が進んだ時期があり、日本犬が絶滅する恐れがありました。危機感を抱いた日本犬研究家の斎藤弘吉氏が1928年、日本犬の復興を呼びかけ、日本犬保存会を創立しました。

日本犬保存会や各犬種の保存に尽力した人たちのお陰で、日本犬は6犬種が現存しています。日本犬保存会は、「日本犬標準」を1934年に制定しました。また、文部省（当時）によって、1931年から1937年にかけて、日本犬は国の天然記念物に指定されました。古い順に、秋田犬（大型）、甲斐犬（中型）、紀州犬（中型）、

柴犬（小型）、四国犬（中型）、北海道犬（中型）となります。国の天然記念物は傷つけたり採取したりすることが禁じられています。天然記念物に指定された犬は猟犬として利用することもできません。

6種の日本犬の特徴とは？

6種の日本犬を簡単に紹介しましょう。

秋田犬は、秋田県大館地方を中心に飼育されていました。大型でしっかりした体格が特徴。性格は穏やかで誠実な面を持っていますが、もともとは獲物を追い立てたり、闘犬として活躍したりした時代もありました。

秋田犬の忠実さを一躍有名にした忠犬ハチ公は、東京帝国大学農学部（現東京大学農学部）教授の上野英三郎氏に飼われていました。東京・渋谷の銅像も有名ですが、東京大学農学部にも上野教授とハチの銅像があります。

甲斐犬は、甲斐地方（山梨県）にある山岳地帯の狭い地域で繁殖され、鹿や猪狩りにひるまないように育てられました。四肢がすっきりした鹿型と、ずんぐりした猪型の2種類がいます。

紀州犬は、和歌山県から三重県にわたる熊野地方の山岳部で猪狩りなどに用いられていました。すっきりした鼻筋やピンと立った三角耳、細い三角目を持っています。

柴犬は、山岳地帯で狩猟犬として活躍していた小型の土着犬。先住民族とともに南方から渡来したものと考えられています。

四国犬は、昔「土佐犬」と呼ばれていました。四国山地に存在していた土着犬で、その風貌からオオカミと間違えられることも。猟犬にふさわしい勇敢な性格で、番犬にも適しています。

北海道犬は、原始の姿そのままの原種犬として、昔から優秀な獣猟犬でした。絶滅寸前まで減りましたが、現在は北海道犬保存会に管理されながら大切に種が守られています。

西洋でさまざまな種のかけ合わせでつくられた犬と違い、日本犬は長年にわたって大切に守られてきました。この日本犬を世界遺産にしようという運動が、日本犬を愛し保存に尽力されている人たちから起こっています。

日本犬を世界遺産として、日本古来の尊い生命を未来につないでいくことができたら、なんと素晴らしいことでしょうか。

「フリスビードッグスポーツ」は運動不足解消に最適

フリスビードッグスポーツとはどんな競技?

「フリスビードッグスポーツ」は、1974年8月にアメリカでメジャーリーグの試合中に、犬がフライングディスクをキャッチするパフォーマンスを観客に紹介したのが始まりといわれています。

フリスビードッグの魅力はおもに次のとおり。

①飼い主と愛犬がいっしょに遊びながら運動することができる。
②いつでもどこでも、広いスペースがあれば行うことができる。
③飼い主と愛犬の相互理解を深め、信頼関係を構築できる。一体感とコミュニケーション能力を高めることができる。

④愛犬のしつけができる。ディスクひとつで、さまざまなトレーニングができる。
⑤日本全国で競技会が開催され、老若男女を問わず、気楽にチャレンジできる。

また、フリスビードッグの競技はおもに次の3種類に分けられます。

①「ディスタンス部門」決められた時間の中で、犬がディスクを何回キャッチできたかを競う。キャッチのしかたも採点され、空中でディスクをキャッチした場合には高いポイントが獲得できる。
②「ロングディスタンス部門」ディスクを投げた場所からキャッチした場所までの距離を競う。
③「フリー部門」60秒から120秒間、音楽に合わせてディスクを自由に投げて、技の美しさやキャッチ率の高さを競う。もっとも難易度の高い競技。技の正確性や成功率、ジャンプの高さなどが判定基準になる。

犬に生じる問題行動の多くは、おもに運動不足や刺激が欠けることによります。運動不足は健康面にもさまざまな悪影響を及ぼします。毎日愛犬と遊び、運動することで、スリムな体形を保ち、消化機能を高めて、筋力トレーニングにもつながります。フリスビードッグスポーツは運動不足解消の手段として最適というわけです。

フリスビードッグスポーツの練習をするときの注意点

フリスビードッグの練習では、最初からプラスチック製のディスクを使わず、キャッチしやすい布製を用いるようにするとよいでしょう。

公園などで周囲の人たちにディスクが当たることがないように注意。また、ほとんどの犬はこのスポーツを楽しむことができますが、鼻の位置が低くディスクをキャッチするのが難しい犬や、走るのが苦手な犬もいます。それぞれの犬にふさわしいほかの遊び方やスポーツを見つけることも大切です。

あまり運動をしたことがない犬には最初から激しい動きをさせずに、徐々に慣らすようにしてください。真夏の暑い日は避け、練習の際は水も十分用意しましょう。子犬に最初から何回もジャンプさせたり、激しい運動をさせたりするのは控えること。関節に負担をかけるので、運動を始める前に動物病院で健康チェックを受けるとよいでしょう。成犬から本格的な練習を開始し、子犬や高齢犬にはゆっくり慣らしながらトレーニングすることを推奨しているアメリカの団体もあります。

フリスビードッグスポーツは犬との暮らしを豊かなものにし、健康維持に最適なスポーツのひとつといえます。人と愛犬の絆を深め、しつけや健康維持にもなるフリスビードッグスポーツにぜひチャレンジしてみてください。

ドラッグストア初の愛犬との散歩イベント

人と犬の健康寿命の延伸にドラッグストアが貢献

2019年11月30日、ウエルシア薬局と日本ヘルスケア協会の主催で、「ワンちゃんとの散歩で健康に」をテーマに、神奈川県横浜市青葉区の「ハックドラッグ美しが丘店」において、ドラッグストアでは日本初となる第1回愛犬との散歩イベントが開催されました。

協力は日本動物病院協会と東京薬科大学、ユニ・チャーム。運営は日本ヘルスケア協会ペットとの共生によるヘルスケア普及推進部会、人とペットの幸せ創造協会、赤坂動物病院、ユニ・チャーム、ジャペル、イオンペット、ヤマザキ学園、シャープ、日清ペットフード、バリュークリエーター社のチーム。

日本チェーンドラッグストア協会の宗像守事務総長に、「ドラッグストアは健康のハブステーションをめざされたらどうですか?」と私が進言して以来、ドラッグストアでは健康のハブ(拠点)の役割を担うことを大々的に打ち出していただいています。このイベントは、同協会およびウエルシアホールディングス、日本ヘルスケア協会産業協議会の池野隆光会長のご協力で実現したもの。

ペットフード協会の調査では、犬との散歩で健康寿命が延びることが判明しており、医療費削減にも貢献すると期待されています（116ページ）。

イベントは、愛犬といっしょに楽しく歩いて健康寿命を延ばそうとの考えで実施され、募集に際しては、次のような決まりを設けました。「犬の参加条件」から抜粋します。

①人やほかの犬に吠えない。
②人やほかの犬にかみつかない。
③ノミ・ダニ予防をしている。
④狂犬病予防接種（1年以内)、混合ワクチン（3年以内）など接種済みの健康な犬。

また、「飼い主様へのお願い注意事項」は次のとおり。

①必ずリードを使用する。

②イベント開催中の人や物、犬同士の事故、けが、トラブルなどについては飼い主の責任とする。

③犬の飲み水は飼い主が用意する。

④犬の排泄物の始末はすべて飼い主が行い、持ち帰る。

⑤ウォーキングはハックドラッグ美しが丘店周辺を約1・4キロ歩く。

当日は健康面の効果も測定

当日は、日本ヒューマンドッグ・ウォーキング協会からの指導もあり、参加された飼い主さんとワンちゃんたちは大変楽しそうにしていました。また、協賛各社から嬉しいプレゼントがたくさん提供されました。

イベントのあと、お店で買い物をしていた飼い主もいたので、ペットの飼い主をドラッグストアのお客様として取り込む効果もあったようです。

人と犬の健康面の効果を検証するため、愛犬との散歩の前後に、幸せホルモン（オキシトシン）とストレスホルモン（コルチゾール）がどのように変化するか、唾液採取が行われました。また、参加された飼い主さんと犬の心拍数も測定されました。その結果、人と犬ともに75％にオキシトシンの増加が見られ、コルチゾールが減少しました。心拍数は人も犬も上昇しましたが、運動効果の判定は次回の課題となりました。これらの検証には、東京農業大学の太田光明教授、東京薬科大学の平田尚人准教授が関与され、東洋紡とユニ・チャームの協力で実施されました。

健康寿命の延伸に愛犬との散歩が重要であることがさらに広く認識されるとともに、人とペットの健康ハブステーションとしてのドラッグストアの取り組みがより拡大することを期待したいものです。

人と猫の不思議で魅力的な関係

近年、人とペットの関係に変化が

日本における人とペットの関係は、昨今大きく様変わりした感があります。ある家庭では、ペットを「1匹」「2匹」ではなく、「ひとり」「ふたり」と呼んでいるそうです。人間にとって、ペットはまさに、人間と同様のかけがえのない存在となってきているのです。

ペットフード協会では毎年5万世帯を対象にさまざまな調査を行っています。2014年の調査で、「生活にもっとも喜びを与えるのは何か?」(複数回答)とペット飼育者に尋ねたことがあります。

回答の1位から3位を整理すると、左の表のような注目すべき結果になりました。

ペットを飼っている人がペットを上位にランクづけすることは予測できましたが、

猫を飼っている人は、なんと「1位」に家族ではなくペットをあげています。私自身も長年猫と暮らしています。私も少し迷いながらも1位に猫をあげます。私の妻は迷うことなく猫を1位にランクづけするでしょうが……。

生活に喜びを与えるのは?

ペット飼育者全体
1位　家族（81.0%）
2位　趣味（67.6%）
3位　ペット（66.0%）

犬飼育者
1位　家族（83.0%）
2位　ペット（80.9%）
3位　趣味（64.3%）

猫飼育者
1位　ペット（81.2%）
2位　家族（78.3%）
3位　趣味（69.0%）

なぜ猫が1位なのか？

猫と比べて、犬は飼い主に従順で、名前を呼べばすぐに飼い主のところに駆け寄ったり、忠犬ハチ公のように、外出した飼い主の帰りを玄関で待っていたりします。また、犬は指示を出せば、そのとおり行動することが多いでしょう。

一方で猫は、ふつうは呼んでも来ません。猫の機嫌がいいとき以外は、なでようとして手を出したり、追いかけたりすれば逃げてしまいます。

最近の研究で、人はペットに触れると、赤ちゃんを抱っこしているときと同じように、幸せホルモンである「オキシトシン」が分泌されることがわかりました。さらに、猫の毛の〝モフモフ感〟は、犬の毛をなでているより、オキシトシンが多く分泌される傾向があるとする専門家の報告もあります。また、人間とペットの関係が良好だと、双方にオキシトシンが分泌されるようなのです。

犬と人間の関係は密接で理想的だと考える人が多いようです。一方、猫と人間は、つかず離れずの関係といえます。一度猫と暮らし始めると、その魅力に惹かれる人は多いようです。猫との付き合い方は、新たな人とペットの「赤い糸」のあり方を示唆しているのかもしれません。

十二支に入れなかった猫と暮らす12の健康効果

猫と暮らすと健康にもよいことが判明

今や猫の飼育頭数は犬を上回っているのに、犬と違って、猫は十二支に入っていません。なぜなのでしょうか？

理由は諸説あります。神様が元旦に一番早くあいさつに来た動物から12番目の動物までを干支にすると言ったそうです。早起きが苦手な猫からその噂について尋ねられたネズミは、「元旦はゆっくりするもので、２日の朝にあいさつすればよい」と嘘をつきました。ネズミは要領がよいので、早起きが得意な牛の背中に乗って神様のいるところまで行き、直前に飛び降りて一番にあいさつをしました。だまされた猫はそれ以来、ネズミを追いかけるようになったという逸話があります。

十二支に入れなかった猫ですが、さまざまな健康面の恩恵を人に与えています。猫

と暮らすと健康によいとする調査結果が欧米を中心に多く発表されているのです。猫が与えてくれる健康効果の一例を紹介します。

①においがほとんどなく、トイレもすぐに覚える。きれい好きで清潔な動物なので、人も健康で快適に暮らすことができる。

②手のかかる世話をしなくてよいので、飼い主のストレスや不安が少ない。

③『V・I・N・ジャーナル』の発表によると、ほかのペットを飼う人に比べて、猫と暮らす人は心臓発作のリスクが低い。ふだんからストレスなく世話できるからではないかと科学者は見ている。

④猫と暮らすことにより、愛と信頼の感情を含むオキシトシン（幸せホルモン）が多く分泌される。とくに猫のモフモフ感のある被毛に触れることで、犬よりオキシトシンが高まる傾向にある。

⑤赤ちゃんのときから猫と触れ合うことにより、感染症やアレルギー、喘息《ぜんそく》のリスクが軽減する（『Pediatrics』誌による）。

⑥自閉症の子どもの気持ちを穏やかにする。

⑦猫を飼っている人は血圧が下がる傾向にある。ふつう部屋の中で大きな声で話すと血圧が上がるが、猫がいるときは大きな声で話しても血圧が上がらなかったとのデータがある。

⑧アメリカ・ミネソタ大学の研究では、猫の飼い主は、飼っていない人と比較して、心疾患で死亡するリスクが30〜40％低いとの調査データがある。

⑨心臓疾患や糖尿病、心臓発作、肝疾患、腎疾患のリスクにつながる中性脂肪やコレステロール値を下げる。

⑩猫を飼っていると交流の機会が増える。ある研究によると、猫を飼っている男性に女性は惹かれる傾向にあるという。理由は、猫の飼育者は感受性が高いと女性に判断されやすいため。

⑪猫は単独行動をする動物だが、猫と飼い主が触れ合うことで、人と猫の絆が深まることにつながる。２００３年のスイスにおける調査では、猫と暮らすことは愛するパートナーと暮らすことに似ているという。

⑫猫は散歩をしなくてもよいので、歩行が困難な高齢者も飼いやすい。また、認知症の発症を遅らせるという調査結果もある。

猫と暮らすことには、このようにさまざまな健康面の効果が報告されています。十二支に入れなかった猫を癒やす意味で、猫と暮らしてみてはいかがでしょう？　いや、反対に猫に癒やされることになるのは間違いありません。

人の体の機能を回復させる「ホースセラピー」

馬を介在させた活動にさまざまな効果

人間の伴侶動物としては、おもに犬や猫、ウサギ、馬があげられます。伴侶動物のひとつ、馬を介在させた「ホースセラピー（Horse Therapy）」は、日本では20か所ほどで行われていますが、まだ知名度が低いのが現状です。

ホースセラピーは、古代ギリシャ・ローマ時代から、欧米を中心に行われてきました。ホースセラピーは「馬介在活動」「馬介在教育」「馬介在療法」に大別されます。

馬介在活動は、馬に触れたり、なでたり、実際に乗馬したりすることにより、恐怖心の減少、健康の増進、平衡感覚の発達、筋力および運動機能の発達につながります。

馬介在教育は、子どもに馬の世話をさせたり、馬と意思疎通をさせたりすることにより、精神的、人格的な成長を促すことを目的としています。

馬介在療法は、大きな馬に触れたり操ったりすることで、自尊心の回復、慢性疾患や身体の障害の改善ができます。また、孤独感を癒やしたり、心や体の病をリハビリテーションしたり、就労意欲を醸成したり、不登校や引きこもりの子どもを治療したりと、さまざまな効果をあげています。

障害者乗馬の組織として、イギリスのＲＤＡ（Riding for the Disabled Association）が有名で、体の機能回復の報告が多数あります。

ホースセラピーの効果が高い理由

ホースセラピーによって、さまざまな効果を得られるのは、おもに次のような理由からです。

①馬の体温は37・8～38・5度と人より高いため、手のひらから温もりが伝わり、大きく包み込まれるような安心感がある。

②馬に乗ると目線が高くなり、自分よりも体の大きい馬を操ることで、自然と自信が醸成できる。

③馬は人の心身の状態を察することができる。たとえば、私の知り合いが熊本・南阿蘇の余生馬牧場の端でしゃがみ込んでいると、馬たちが次々とやってきて、「大丈夫か？」と言わんばかりに、コツンコツンと鼻先をぶつけてきたこともあった。
④乗馬はふだん使わない筋肉を使うため運動効果が高い。運動によって人の脳を刺激することで、心身によい影響を与える。
⑤馬に乗ることは有酸素運動につながる。体の不自由な人はもちろん、糖尿病の療法にも用いることができる。
⑥馬の社会にも上下関係が存在するので、人がリーダーとなって指示を出すことで、人のリーダーシップと社会性が培われる。

伴侶動物である馬も心を持つ生き物です。馬が必要なくなったり、歳を取ったり、骨折したりすると、馬肉や、さまざまな用途の餌として殺処分されてしまい、90％以上が天寿を全うできないといわれています。現在の日本は伴侶動物である犬を食べることはなくなりましたが、じつは馬も食べるべきではないのかもしれません。

心を持つ馬や犬、猫、ウサギ、そのほか人と心を通じ合える小動物や鳥がいます。

そのような伴侶動物にはできる限り、少しでも長く生きる権利を与えてあげたいものです。

マハトマ・ガンジーの「国の偉大さ、道徳的発展は、その国における動物の扱い方でわかる」という有名な言葉があります。伴侶動物にも思いやりの心を持ち、やさしく接する人の多くいる日本になってほしい。そう願うのは私だけではないと信じています。

人に癒やし効果を与える観賞魚

観賞魚としてのペット

「観賞魚」とは、人に癒やしや憩いを与えるために、家の中や会社の受付などに設置される水槽、または庭の池などで飼育されている魚の総称です。

ペットフード協会が２０２０年に実施した調査データによると、観賞魚の飼育率はメダカ（３・５％）、金魚（２・８％）、熱帯魚（１・５％）となっています。

一方、今後観賞魚を飼ってみたいと考えている人の割合（飼育意向率）は、メダカ（３・５％）、金魚（３％）、熱帯魚（２・３％）となっており、飼育率と飼育意向率を比べると、観賞魚の中で熱帯魚の伸び率がもっとも高くなっています。

ほかのページでも、犬や猫との触れ合いは、癒やしや安らぎなどの効果があることを紹介してきました。同じように、観賞魚を見ているだけでも、人間にさまざまな効

果がもたらされることが調査や研究で判明しています。

観賞魚のさまざまな効用

海外の研究によると、アルツハイマー病患者の高齢者62人に対して、観賞魚が泳ぐ様子を見せたところ、開始3週間から食事の量が改善され、4か月間見続けると、痩せてきていた高齢者の体重が増加したことがわかりました（2002年Edwards, NE & Beck, A.M. 調査）。

また、別の調査では、水槽の熱帯魚を見つめると、高血圧の患者と健常者の両方の血圧が下がる傾向が表れたとする論文も発表されています（1983年Katcher et al. の論文）。

日本でも、岐阜大学とジェックスを中心とする研究チームが次のような実験を行ったところ、興味深いデータが得られました。

30人の被験者に「水槽のある空間」と「水槽のない空間」で、それぞれ15分間、英文のタイピングで意図的にストレスを与えるVDT（Visual Display Terminals）作業をし、そのあと10分の休息をしてもらい、その間の心理的・生理的な反応を調査しました。

その結果、観賞魚を眺める時間が長ければ長いほど、ストレスを与えられても生理的にリラックスしていることが心拍変動から明らかになりました。また、観賞魚のいる部屋では、唾液アミラーゼ（ストレス指標酵素）活性が低下し、ストレスが緩和されて、くつろぎが得られることも判明しました。

ストレス社会といわれる現代の日本では、観賞魚を眺める時間を持つことも大切なようです。高齢者に対する検証では、観賞魚を眺めると、好奇心が高まり、生きがいにもつながることが明らかになりました。犬猫だけでなく、観賞魚にも人とペットの「赤い糸」が存在するようです。

日本でつくり出されたニシキゴイの魅力

コイの育成が豪雪地帯の楽しみのひとつだった

ニシキゴイは江戸時代中〜後期に、越後二十村郷と呼ばれた信濃川東岸の山間部に点在する集落（現在の新潟県長岡市、小千谷市、魚沼市の一部地域）でつくり出されたといわれています。私の出身地もこれらの地域に近いところにあります。この一帯は豪雪地帯で、雪が激しく積もると物資の流通が滞ってしまいます。そこで当時の人々は、傾斜地に棚田をつくり、クロコイ（食用鯉）を養殖して、冬場の重要なタンパク源としていました。

クロコイの中から、突然変異で赤や白の色のついたコイが出現しました。新潟の人々は変異種を交配してより美しいコイをつくり出すことに熱中したのです。ニシキゴイの品種改良は、交通機関がない時代、人々の数少ない楽しみのひとつでした。

戦後になって交通機関が発達し輸送法が確立されたことで、ニシキゴイの養殖や販売、飼育が全国に広がりました。現在では、品種の数も１００近くになり、輸出もされています。大手のカミハタ養魚グループでは、国内のみならず、世界50か国以上に観賞魚用飼料を輸出しています。

とくにこの10年で海外の需要が大きく伸びており、現在では売り上げの８割が海外で占められるともいわれるほど。「ＮＩＳＨＩＫＩＧＯＩ」は、世界中で観賞用のコイを意味する言葉として用いられています。

意外に知られていないニシキゴイの魅力

ニシキゴイには次のような魅力があります。

①同じ品種でも１匹として模様や色彩、体形が同じではない。「世界に１匹だけ」。

②性格が温和でお互いに争わず人間にも慣れやすい。観賞だけでなく人とコミュニケーションもとれる。

③品種が多く、色彩や模様のバラエティが豊富。品種選びも楽しい。

④温帯性の淡水魚なので、日本国内の水温や環境への順応性が高い。比較的手軽に飼育できる。

⑤寿命が長く（20～30年、なかには100年以上生きた例も）、長期間楽しめる。

2019年2月に「第50回記念全日本総合錦鯉品評会」が行われました。日本全国からえりすぐりのコイが集まり「世界一のニシキゴイ」を決める大会です。この年のチャンピオンは、広島で生まれた「紅白」という品種。色彩などが美しく体長も1メートルを超える立派なニシキゴイでした。チャンピオンは価値が高く、2018年秋の競売では2億円以上の値段がついたこともあります。

ニシキゴイは広い池で飼育するイメージがありますが、じつは水槽で飼育することもできます。水槽の横から見て美しいコイは、意外にリーズナブルに（数百～数千円程度）手に入るのです。

もちろん、庭池で大きく成長させて楽しむのもよし。ニシキゴイはライフスタイルに合わせてさまざまな楽しみ方ができる「ペットフィッシュ」といえます。

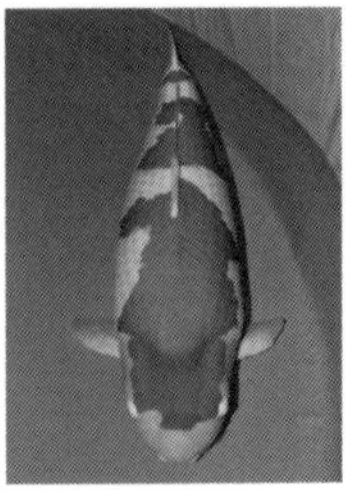

ペットのいる独身男性はモテる？

ペットは人を結びつける「赤い糸」

人と犬がいっしょに暮らし始めたのはいつごろなのでしょう？　ある遺跡の調査からは1万5000年前という説があります。ロシアでは3万年前の犬の化石が見つかったとの報告もあります。また、人が猫とともに暮らし始めたのは、やはり化石から1万年前と報じられています。

犬は、かつて危険な動物が近づいてきたのを人に教えたり、狩りに同行したりしていた時代がありました。猫には保管していた穀物をネズミの被害から守るために飼い始めた歴史があります。

ペットは人が家畜として迎えた時代を経て、人の愛玩動物となりました。そのあとは、コンパニオンアニマルとなり、現在では、人間とともに暮らすかけがえのない伴

侶となっています。まさに、人とペットは「赤い糸」で結ばれているわけです。

ペットは人間関係の潤滑油

おもしろいデータがあります。ペットフード協会が2016年に行った調査によると、ペットと暮らしていると「人とのコミュニケーションが増えた」（犬41・4％、猫27・4％）というのです。

たとえば、男性が一人で公園のベンチで座っていても、ふつうは誰からも声はかけられないでしょう。最近は物騒な時代。女性なら、あまり見知らぬ男性に安易に声をかけないようにしたいと思うはずです。

では、男性がかわいい犬といっしょにいたらどうでしょう？　そばを通りすぎる女性から「かわいいワンちゃんですね！　なでてもいいですか？」と声をかけられても不思議ではありません。

こんなふうに、ペットといっしょにいることで男女の出会いにつながるかもしれないのです。かわいい犬といれば「やさしい男性」と思われるのでしょう。最近は、ペットを介したお見合いも多くなってきています。人とペットが「赤い糸」で結ばれているように、ペットそのものが人間同士を結びつける「赤い糸」の役割も果たすといっても過言ではありません。

さらに、前述の調査で夫婦関係についても調べると、「夫婦の会話が多くなった」（犬59・9％、猫57・8％）、「夫婦の関係がなごやかになった」（犬45・5％、猫46・6％）、「夫婦げんかが少なくなった」（犬・猫とも34・3％）という嬉しい結果が出ています。

もしも、あなたが夫婦間や家族間でコミュニケーションがうまくいっていないなら、ペットとの暮らしを始めることで、新たな「赤い糸」が生まれるかもしれません。

ペットと気持ちをわかり合える？

動物とコミュニケーションはとれるか？

ペットと自由に会話できたらどんなに素晴らしいだろう、と思っている飼い主さんは多いのではないでしょうか。

「今、何を考えているのか？」「どうしてほしいのか？」「なぜこのような行動を取るのか？」「どこか痛いところがあるか？」など、ペットの気持ちや想いが理解できたら、どんなによいでしょうか。ペットと自由にコミュニケーションができたら、人とペットの関係は、さらに彩りのある楽しいものになることでしょう。

実際、もの言わぬ動物たちにも、人間と同じように、細やかな愛情や感情、思考が存在するといっても過言ではありません。

動物たちは、人間のように言葉を使って複雑なコミュニケーションを取ることはできないと考えられています。しかし、頭や鼻、口、舌、手足あるいは体全体によるボディランゲージ（意思や感情を伝えるために、身ぶりや態度などで表現する身体言語）、鳴き声、フェロモンなどのにおいを使って、愛情やさまざまな意思を仲間に伝えることができます。食べ物のありかや危険の存在を知らせたりすることもできます。

動物たちの想いや感情を理解し、飼い主に伝える役割を担っているのが「アニマルコミュニケーター」と呼ばれる人たちです。スピリチュアルな能力がある人と思われがちですが、訓練をすれば誰でも身につけられる能力です。

動物と会話することを「アニマルコミュニケーション」といいます。これは、特殊な能力ではありません。誰にでも備わっている能力や感性を高めていくことで、動物たちの心が感じ取れるようになるのです。アニマルコミュニケーションは、動物たちとの言葉のないコミュニケーションといえます。

動物たちの声を受け取り、心と心で語り合うとき、私たちとペットはお互いを理解し合える深い関係を築くことができるでしょう。

アニマルコミュニケーションでペットとの共生が充実

言葉のない意識交流といってもよいアニマルコミュニケーションで、ペットとの共生が今よりもっと充実するようになるでしょう。たとえばペットが問題行動をしたとき叱るのではなく、ペットの気持ちに寄り添い理解しようとすることがまずは大切です。

アニマルコミュニケーションは、要約すると「動物の想いをそのまま通訳すること」です。一方、「ヒューマン・アニマルコミュニケーション」（動物対話）は「人と動物との意思の疎通を図ること」となります。動物対話は、動物と同じ目線を持ち同じように感じようと試みることで、動物と心で対話しようとするのです。

私たちは動物の言葉を理解することはできません。けれども、ペットのしぐさや鳴き声で何を欲しているかわかる場合があります。人がペットの目線で理解しようとする訓練は、人同士のコミュニケーションでも役に立ちます。思いやりを持って会話することの大切さ、相手を理解しようとする相互理解につながるはずです。

動物との触れ合いで子どもの心を豊かに

女性獣医師第1号の先生が動物との触れ合いについて語る

２０１９年12月７日、東京・杉並区立高円寺南児童館で、日本動物病院協会（ＪＡＨＡ）第４代会長で現相談役、赤坂動物病院総院長の柴内裕子先生が「動物とのふれあいを通して、子ども達の心を育てる」と題した講演と、実際に子どもに動物と触れ合ってもらう活動を行いました。ＪＡＨＡの先生やボランティア、ワンちゃんとともに、私もこの素晴らしい活動に参加しました。対象は子どもたちでしたが、講演では保護者や児童館の先生も熱心に耳を傾けていました。

　柴内先生は、戦争のために連れていかれる動物たちを見た経験から、動物を守る獣医師になりたいとの強い想いで女性獣医師第１号になった経緯をお話しになりまし

た。獣医師になってからは、欧米に行くたびに動物が社会に受け入れられていく姿や、家族の一員として定着していく様子に感銘を受けたそうです。動物介在教育や動物介在活動、動物介在療法を学んだ経験をもとに、日本の医療機関で動物介在療法活動などを長年にわたって幅広く行ってきたことも、子どもたちにやさしくわかりやすく紹介されていました。

また、ＪＡＨＡの活動先である保育園や幼稚園、児童館、小学校、そのほかの児童施設の様子も紹介されました。ＣＡＰＰ（コンパニオン・アニマル・パートナーシップ・プログラム）は必ず飼い主と動物がペアで行うこと、医療施設での活動には、年２回の健康診断、腸内細菌検査、口腔内細菌検査が行われていること、高齢者施設や学校を訪問する動物は、年１回の健康診断が行われていることなどを説明されていました。世界の近代動物介在療法の始まりや歴史および日本での取り組みについても紹介されました。

赤ちゃんや幼児のころから動物と触れ合うことで、アレルギー疾患の発症が抑えられている事実（１７９ページ）には、保護者の人たちも驚いた様子でした。子どもたちが行う犬へのリードプログラム（本の読み聞かせプログラム／１２１ページ）や、伴侶動物と暮らす意義も話されており、とても有意義な時間となりました。

保護者たちは動物との触れ合いの大切さを実感

講演のあとは、ワンちゃんと安全に触れ合う方法を子どもたちへわかりやすく説明されました。ワンちゃんとの触れ合いがうまくでき、慣れてきたことを確認すると、ワンちゃんとの散歩のしかたを指導しました。子どもたちはひとりずつワンちゃんとの散歩を楽しみ、なかには「もっと長く散歩したい」と言うお子さんもいました。

保護者の中には、子どもたちが動物と絆を深める大切さを学んだことを喜び、ワンちゃんを迎え入れることも検討したいと話す人もいました。いかにこの講演と活動が効果的だったかを証明するものでしょう。人と動物の触れ合いの大切さを発信するセミナーや体験活動を通じて、子どもたちの情操教育につながる素晴らしい活動が日本にもっと普及することを望みます。

ペットを世話すると子どもの共感能力が高まる

子ども時代にペットと過ごすと養われるもの

2021年4月1日時点で日本の15歳未満の子どもの数は、40年連続で減少し、過去最少の1493万人になりました。一方、犬・猫の飼育頭数は、約1813万頭（2020年）で、子どもの数を上回っています。しかし、日本の子どもたちが動物について学校で学ぶ機会は、毎年減っています。理由は、学校で飼われる動物が減り、動物のことを教えられる先生も減少、時間的余裕や予算がないことなどがあげられます。

一方、欧米の子どもたちは、人とペットの関係の大切さを学ぶ機会が日本より多いのです。たとえば、ドイツの全国の小学校では、1841年から「人と動物の共生に関する授業」を実施しています。

私がアメリカのペットフードメーカーの日本支社長だったときに、本社があるアメリカ・カンザスにたびたび出張し、当時の上司である社長のお宅にときどき泊まらせてもらっていました。そのとき、息子さんたち兄弟が学校から許可をもらったと言って、フェレット（時にはハムスター）を家に連れて帰り、週末を動物とともに楽しそうに過ごしていました。それによって、動物を世話する楽しさ、動物への慈しみややさしさが養われていたように思います。

息子さんたちは、今では立派な大人になり、社会で活躍しています。二人とも、とてもやさしい思いやりのある人に育ったのは、子どものころから動物と暮らす環境にあったからではないかと感じています。

ペットが子どもに与えるさまざまな効用

欧米では、ペットが与える子どもへの効用に関して多くの研究発表があります。たとえば、「ペットを飼育している子どものほうが共感能力に優れている」「子どもの知能、運動能力、社会性の発達に影響し、とくにペットとの絆が強いほど、ほかの子どもたちに対する共感性が高くなる」などです。

2016年にペットフード協会が行った「子どもとペット飼育に関する調査」でも、「心豊かに育っている」(犬73・5%、猫66・1%)、「生命の大切さをより理解するようになった」(犬66%、猫66・1%)、「家族とのコミュニケーションが豊かになった」(犬60%、猫62・2%)という調査データもあります。

また、2017年3月に東京学芸大学付属小金井小学校では、子どもたちが犬との触れ合い活動を体験し、「人や動物の命を守りたいと考えるようになった」「困っている人を助けることができるようになった」「相手の話をよく聞くようになった」などの素晴らしい発表をしていました。

これらは、子どもとペットの間にも「赤い糸」が存在することの一例といえます。「子どもとペットの赤い糸」を強くする手助けをすることも、われわれ大人の役割ではないでしょうか。

ペットと暮らすと赤ちゃんの免疫力が高まる？

「人獣共通感染症」に要注意

人間の体内に常に存在している常在菌として、善玉菌と悪玉菌があります。人間の体は約60兆個の細胞から構成されているといわれていて、常在菌の数は最近の研究では５００兆から１０００兆個と推定されています。最近になって新たに菌が発見されるケースもあり、それにともなって体内にいると思われる菌の数も増えているようです。

世の中には、除菌のための商品が多く販売されていますが、すべての菌を死滅させることはできないし、善玉菌である乳酸菌やビフィズス菌はむしろ増やしたほうが健康によいこともわかっています。

細菌やウイルスがペットから人、または人からペットへ感染する病気に「人獣共通感染症」があります。代表的な狂犬病をはじめ、さまざまな感染症があり、なかには細心の注意を要するものもあるので、定期的に獣医師の先生にペットを診断してもらうことが重要です（詳しくは218ページ）。

ペットは、人間の年齢でいえば、1年で4歳（小型犬や猫）から7歳（大型犬）歳を取るので、最低年に2回から4回は動物病院で定期健診を受けたほうがよい計算になります。

犬と暮らすことで感染症のリスクが減少？

2012年7月9日に、犬が飼われている家庭で育つ赤ちゃんは感染症や呼吸器疾患にかかるリスクが軽減されるとの調査結果が、アメリカの小児科専門誌『ペディアトリックス（Pediatrics）』に掲載されました。フィンランドのクオピオ大学病院の研究チームが、生後9～52週目の赤ちゃん397人を対象に行った調査です。

それによると、毎日ある程度の時間を屋外で過ごす犬がまわりにいることで、生後1年以内の赤ちゃんの免疫力が高まる可能性があるとされています。猫でも同様の可能性が示されましたが、その効果は犬より弱いようです。

また、研究によれば、犬や猫が飼われている家庭の赤ちゃんは、せきや喘鳴《ぜんめい》、鼻炎などの感染性呼吸器疾患にかかる確率が約30％低く、耳の感染症にかかる確率も約半分でした。研究チームは、「動物との接触が免疫系の発達を助け、より整った免疫反応をもたらし、感染期間を短縮させるのではないか」と推論しています。

さらに調査では、感染リスクの上昇が考えられる要因（母親による授乳や保育施設の利用、さらには親の喫煙や喘息《ぜんそく》など）を除外しても、犬と暮らす家庭で育つ赤ちゃんで発症する確率は著しく減少し、抗生物質の投与回数も少なかったと報告されています。

より詳細な調査が必要かもしれませんが、人と動物と環境の衛生に関係する専門家が連携して取り組む「ワンヘルス（One Health）」という考え方（218ページ）が世界で広まってきており、日本でも海外から専門家が参加する会議が開催されています。

まさに、人とペットの健康は、切っても切り離せない「赤い糸」で結ばれているといっても過言ではありません。

天災が起きるとき動物が救世主になる⁉

地震の前に動物たちが異常行動

近年、日本では地震が頻発しています。地震が起こるかどうか、揺れの直前に鳴り響く緊急地震速報だけが頼みの綱だと思われています。しかし、ローマ時代から人々の間では、動物の異常行動によって地震を予知できると信じられてきました。現代でも、動物は地震の前兆がわかるのではないかとする研究・調査が、日本国内はもちろん、中国や台湾、欧米などで行われています。

たとえば、人間が聞こえる音の領域は20ヘルツから2万ヘルツくらいですが、多くの動物たちはこれらの領域以外の音も感知する能力を持っています。電磁波や低周波音、地球のわずかな振動、地面から出てくる空気やガスを感じ取ることができます。

2004年12月26日に発生したスマトラ島沖地震（M9・1）では、津波で多くの

犠牲者が出ました。一方で、津波が到達したスリランカの国立公園では、動物の死骸がまったくありませんでした。

この地震では、津波の10分前にゾウの群れが逃げる様子が目撃されています。津波が起こると低周波音が発生するため、ゾウはそれを聴いたと思われます。ゾウはみずからも低周波音を発し、仲間たちとコミュニケーションをとっています。

1975年2月4日に中国遼寧省で発生した海城地震（M7・3）では、政府による避難勧告により、10万人の命が救われたといわれています。中国では、動物園で飼育員たちがパンダなどさまざまな動物の異常行動を日々チェックしています。その観察データは中国地震局に集められ、地震予知に役立てられています。

日本愛玩動物協会が、1995年1月17日の阪神・淡路大震災（M7・3）で犬・猫のとった異常行動を調査しました。「異常に鳴いた（44〜47％）」「落ち着きがなくなった（27〜36％）」など、数日前から異常行動を見せていたことがわかりました。

2011年3月11日に発生した東日本大震災（M9・0）では、地震が発生する前に茨城沿岸に大量のイルカが打ち上げられました。また、犬が遠吠えしたり、穴を掘ったりする行動や、猫がいつもいる場所から移動するなどの異常行動が見られたと報告されています。

ちなみに、わが家の猫は、やはり地震の数日前から当日まで約60％の確率でテーブルの下に隠れる行動をとります。わが家では猫の行動が地震予知のバロメーターとなっているのです。

動物の異常行動を避難に役立てる

多くの科学者は、動物が地震や天災を予知することには懐疑的です。ただ、動物が人より先に環境の変化を敏感に感じ取ることができる点については、すべての科学者の意見は一致しています。

動物と地震の関係について調査・研究する人は日本では限られていますが、日本には、約８４９万頭の犬と約９６４万頭の猫がいます（２０２０年調査）。犬や猫、そして全国の動物園にいる動物の異常行動を毎日数時間単位で気象庁に報告するデータベースをつくってはどうでしょう。近い将来発生が予測されている南海トラフ地震の避難勧告が可能になるのではないかと私は考えています。中国のデータベースの活用と同じように、ペットや動物たちが人の命を救う救世主になるかもしれません。

「災害とペット」アンケートの結果は？

避難所へは「ペットとともに行動する」が9割以上

阪神・淡路大震災（1995年）、新潟県中越地震（2004年）、東日本大震災（2011年）、熊本地震（2016年）、北海道胆振東部地震（2018年）など、日本は残念ながら大地震が頻繁に起こる周期に入ったようです。

災害時には、人間は無論のこと、家族同様にいっしょに暮らしているペットも数多く被災しています。そうした状況を鑑み、共栄火災海上保険が2018年、11月1日の「犬の日」に合わせ、1069名を対象に「災害とペット」に関する大変興味深いアンケートを実施しました。おもな結果を紹介します。

【Q1　自然災害によって指定避難所への移動を余儀なくされた場合、ペットをどう

しますか？】

「必ずペットと行動をともにする」が46・8％、「可能な限り、ペットと行動をともにしたい」が45％で、「ペットと行動をともにしたい」と回答した人が9割を超えました。〝ペットは大切な家族の一員〟であり、人のＱＯＬ（生活の質）を考える際には、ペットを大切に取り扱うべきであることが証明された形となりました。

【Ｑ２　災害発生時、ペットとはぐれたらどうしますか？】

「優先して探す」が62・9％。男女別に見ると男性55・1％に対して、女性70・5％と、女性のほうが積極的にペットを探す傾向にあるようです。一方、「戻ってくるまで待つ」は25％でした。

【Ｑ３　最寄りの指定避難所でペットの受け入れが難しい場合、どうしますか？】

52・4％が「ペットと同行できる別の避難所に移る」と回答し、やはり多くの人がペットは大切な家族と考えていることがわかります。一方、「安全確保して、落ち着くまでペットを家に置いておく」も34・3％ありました。

【Ｑ４　お住まいの地域での大規模災害を想定し、ペットの預け先を決めていますか？】

「決めている」が15％、「決めていないが検討している」が39％でした。ペットの生命を守るという観点では、具体的な計画を早く立てておく必要があるようです。

【Q５　ペット用の避難グッズなどは準備されていますか？】

「すでに準備している」が20・８％、「購入を予定している」が17・４％でした。生命を左右することを考えると、直ちに準備をしたいものです。

【Q６　環境省が推奨する「災害時におけるペットの救護対策ガイドライン」にある「同行避難」をご存知ですか？】

「知っている」はわずか25％に留まりました。

【Q７　お住まいの地域（市町村）の自治体で、ペットのための災害対策（ガイドライン）についての情報を把握されていますか？】

52・９％の人が「知らない」と回答しました。

環境省の「人とペットの災害対策ガイドライン〈一般飼い主編〉」はホームページからダウンロードできます。防災のキーワード「自助」「共助」「公助」など、防災対策について詳しく説明しています。ぜひ手元に置いて災害対策に役立ててください。

飼い主のココロを癒やしてくれる羊毛フェルト作品

愛するペットの姿を再現する羊毛フェルト作品が人気

最近、羊毛フェルトでペットの姿を再現する作品に人気が集まり、各地で講座が開催されたり、通信教育で学ぶ人が増えたりしています。

羊毛フェルトの作品には、羊毛をせっけん水でこすりフェルト化させる「水フェルト」と、専用の針で羊毛を刺しながら形をつくり刺しゅうする「ニードルフェルト」があります。

フェルトとは、羊やラクダなどの動物の毛を薄く板状に圧縮（フェルト化）してでき上がる製品の総称。その歴史は意外と古く、発祥は紀元前までさかのぼるという説もあります。現在使用されている羊毛の生産地はおもにオーストラリアと南アフリカです。さまざまな色で染めた羊毛を混ぜる「カーダー」と呼ばれる専用の道具を使うと、微妙な色のグラデーションも表現できます。また、「フェルティングニードル」という専用の針を使うことで、羊毛の繊維が絡まってフェルト化し、微妙な毛並みや表情まで再現できます。ニードルを使うニードルフェルト手芸は、粘土のように細やかな形をつくれるため、動物やスイーツキャラクターなどさまざまな立体的作品が生み出されています。

羊毛フェルト作品がペットロスを癒やす

ペットロスで悩む人の中には、亡きペットの写真を見ながら羊毛フェルト作品づくりに取り組む人もいます。作品が完成すると、愛するペットに再会できたという想いと達成感で満たされ、心が癒やされて元気を取り戻せたという人も多いようです。

まだ元気に生きているペットの姿を作品にする人もいます。あらためて家族の一員であるペットの肉球や瞳の色、骨格などをよく知ることができたと、喜ぶ人たちも少なくありません。

愛するペットをより知る機会になると、羊毛フェルトづくりを学ぼうとする人たちは年々増えています。

自分でフェルト作品をつくる時間がない人は、専門家にオーダーすることも可能です。188ページのワンちゃんの写真は、左側が本物で、右側は羊毛フェルトの完成品。このページの写真（上）はわが家の猫。作品（下）を家に持ち帰って猫に見せると、びっくりした様子でした。

これらの作品をつくったのは、都内近郊でカルチャースクールやプライベートレッスンを開講するかたわら、ボランティア活動にも参加している「ウールーシュシュ」(http://www.heureux-chouchou.jp/) 代表・榎添《えのきぞえ》恵子先生です。

「人とペットの赤い糸」がいつまでも切れないように、フェルト作品は、ペットを愛する人たちのさまざまなシーンの再現や、多くのニーズに応えていくことでしょう。

日本最大のペットフェア「インターペット」

ペットにまつわるさまざまな商品・サービスが出展

私がペットフード協会の会長を務めていた２０１１年に、メサゴ・メッセフランクフルト（現メッセフランクフルト ジャパン）とタイアップして、ペットの展示会「インターペット」を立ち上げました。

２０２１年は第10回目の開催となりました。第１回目の開催以来、一貫して「人とペットの豊かな暮らしフェア」をテーマに、業界を横断するさまざまな産業・企業に参加いただいています。初日と2日目はＢｔｏＢ（商談日）ですが、２日目から４日目はＢｔｏＣ（一般公開日）となっています。コロナ禍での開催は大変でしたが、無事成功をおさめました。

これまで次のような商品・サービス・理学療法などが出展されてきました。

①大きな社会問題となっている、人とペットの「老老介護」の課題を取り上げたブース
②高齢化が進んでいるペット向けの日本初の介護サービスや介護グッズ
③ＩｏＴ・ＡＩを駆使した最新の「ペットヘルステック」グッズ
④ペットの健康状態がスマホで簡単にチェックできるスマートタグや、業界初のＡＩを駆使した健康相談アプリ
⑤ペットと同じ物を食べて心の触れ合いが増す「コミュニケーションフード」や「ドライフルーツ」
⑥ペットといっしょに食べられるロールケーキやオーガニックハーブティー
⑦「ジビエフード」やウサギの肉を使ったペットフード
⑧「撮影映え」するかわいいペットグッズ
⑨犬用の「顔面あわあわパック」や、自動で温度調節する鍋型の猫ベッド
⑩理学療法の道具としてのペットカイロ

さらに、２０２１年はコロナ対策として除菌スプレーや衛生用品などが紹介されま

した。企業としては、ペットフード・用品メーカーに加え、住宅、自動車、航空会社などが参加し、内容も年々充実してきています。

ビジネスフォーラムやセミナーの内容も充実

また、初回から好評のビジネスフォーラムでは、私が司会進行を務めています。過去取り上げたテーマとしては、「成功する商品・サービスの生み出し方」「SNSを含め、発信力を高め、ビジネスを拡大するには」「人もペットも高齢化 老老介護の対処法」などがあります。２０２１年は「Ｗｉｔｈコロナ時代、ペット市場の動向、業種別の展望」「Ｗｉｔｈコロナ時代、ペットビジネス成功の着眼点」「Ｗｉｔｈコロナ時代、高齢者とペットが楽しく暮らす方法」などを取り上げ好評でした。

農林水産省からはペットフード安全法のキーポイントについてのセミナー、環境省からは動物愛護管理法の概要とペットを取り巻く現状についてのセミナーが開催されました。日本獣医師会では毎年タイムリーなテーマでシンポジウムを開催していて、２０２１年は「人と動物と自然環境の関係修復がパンデミックを防ぐ」がテーマでした。

また、獣医師による「ペットなんでも相談室」や「Ｗｉｔｈコロナ時代、ワンコとの暮らしを考える」「Ｗｉｔｈコロナ時代、ニャンコとの暮らしを考える」などのセミナーも実施されました。

日本最大のペットのイベントとなった「インターペット」。令和の時代およびコロナ時代に、日本の豊かな国民文化にふさわしく、安全で健康に留意した「人とペットの豊かな暮らし方」を大いに提言・発信していきたいものです。今後も世界に誇れるクオリティの高いペットの展示会になるよう願っています。

ワンちゃんといっしょに買い物ができるイタリア

イタリアのペット事情

２１０か国、約１５０万人が所属する世界最大の奉仕団体「ライオンズクラブ」の１０２回国際大会が、２０１９年7月にイタリアのミラノで開催され、私もメンバーの一人として参加しました。

国際大会に出席しながら、イタリアの「人とペット」に関する情報も入手したので、ここで紹介していきます。

大会の一環として7月6日にパレードが行われました。目の不自由な人たちへ支援を行っているライオンズクラブは、その重要性をアピールする意味で盲導犬もパレードに参加させていました。

ミラノ市内とヴェネチアア、ベローナでは、さまざまな種類のワンちゃんと飼い主が

市内を散歩する姿を見ることができました。ワンちゃんと飼い主が薬局や洋品店で買い物したり、列車の駅でいっしょに歩いたりする姿は、イタリアではごく自然。ほかの買い物客や旅客からも好意的に受け入れられているのが印象的でした。

イタリアでは、ほとんどのスーパーやレストラン、公共交通機関で、ペットを連れて入店や乗車してもよいことになっています。実際、出会った犬たちはほとんど吠えませんでした。しつけがきちんとされている証しでしょう。

イタリアのペットショップの様子

イタリアでは、ペットはおもにブリーダーから手に入れますが、ペット専門店で販売しているところもあります。ミラノにある大手ペット専門店では、チワワが約1500ユーロ（約20万円）、ベンガル猫が約1300ユーロ（約17万3000円）、ウサギが約180ユーロ（約2万4000円）。

あるイタリアのお店では、ブリーダーに子犬・子猫が生まれたときのみ仕入れるとのこと。イタリアでは優良ペット店とブリーダーが連携し、繁殖が適正に管理されているようです。

２０１９年当時のイタリアの人口は約６１００万人。犬の飼育頭数は、２０１８年は７００万２０００頭で、飼育率は23・４％と順調に伸びています。猫は７３０万頭で飼育率は17・７％と減る傾向。また、ほとんどのペット専門店で観賞魚も展示・販売されていました。観賞魚・ニシキゴイの２０１８年の飼育数は２９９０万匹です。

イタリアのペットフード事情にも最近は変化が見られます。人気があるのは、グレインフリー、ナチュラル、ホリスティックのコンセプトで売られている商品。価格も通常のプレミアムフードと比較して、１～２割ほど高く売られていました。また、健康志向の飼い主が増えているのにともない、ヘルスケア製品も順調に伸びています。市場規模は３億６０００万ユーロ（約４８０億円）で前年比４％の伸び。

日本でもさまざまなお店やレストラン、公共交通機関をペットといっしょに自由に利用できる日がくることを望みます。すべての車両でなくても、たとえば電車なら１号車のみ、バスなら３台に１台は人とペットが乗車する専用車にしてペットを同伴できるなど、人とペットの真の共生社会を実現する道を歩みたいものです。

第3章　人とペットの理想郷

介助犬とともに自立した生活を

身体障害者のために介助犬が活躍

人とともに暮らし、人の生活を支える動物として、伴侶動物がいます。その中で補助犬といわれる、盲導犬（206ページ）、介助犬、聴導犬（203ページ）が「身体障害者補助犬」として法律で定められ、日々活躍しています。2020年4月1日時点で、盲導犬は909頭、介助犬は62頭、聴導犬は69頭が活動しています。なお、使用者本人には認定書（盲導犬は使用者証）の携帯が義務付けられています。

5年ごとの調査によると2017年3月31日時点で、日本の視覚障害者は約33万8000人、肢体不自由者が約275万5000人、聴覚・平衡機能障害者は約44万8000人。こうした身体障害のある人たちを家族に代わって、あるいは家族とともに支えているのが補助犬です。しかし、全員をサポートできるだけの数はいませ

ん。補助犬は身体障害者の約０・０３％にも満たない人にしか寄り添えてないのです。

ここでは、日常生活に支障がある肢体不自由者のために献身的な役割を担っている「介助犬」を紹介します。

介助犬は英語で「Service Dog」「Assistance Dog」と呼ばれています。肢体不自由者や介護が必要な人たちの自立を助けるために訓練された犬です。落とした物を拾う、ドアを開閉する、電気を点灯・消灯する、車椅子を引く、物を運ぶ、衣服の着脱を助ける、障害者の腰の下に潜り込んで体を起こすのを手伝う、歩行を援助する、緊急ボタンなどのスイッチを操作する、電話の受話器を渡すなど、幅広いサポートをしています。

介助犬の世話をすることで前向きに

介助犬は１９７５年に初めてアメリカで登場したといわれています。日本では、１９９２年にアメリカから連れられてきた犬が介助犬の始まりで、日本で最初に育成された介助犬は、１９９５年に認定されたグレーデル号です。

介助犬に適した犬はラブラドール・レトリーバーやゴールデン・レトリーバーとさ

れていますが、犬の適性や能力によりほかの犬種も活躍しています。

介助犬にフードをあげたりトイレの始末をしたりすることで、障害者自身も介助犬をケアしたいという思いが生まれ、前向きに生きようとする意欲にもつながります。

海外で2年間行われた調査では、介助犬を受け入れて6か月以内に、48人の調査対象の障害者全員が、自尊心が高まり、自分自身の気持ちのコントロールが可能となって精神的に元気になった、という素晴らしい結果が出ています。

よく訓練された介助犬は、肢体不自由者に光明をもたらすだけではありません。長い年月にわたって介助犬の助けを借りることは、人間による介助よりも経済的かもしれないとの結論にもなりました。

介助犬とともに暮らすことで、外出の際の不安が少なくなり、近所の人ともコミュニケーションをとることができるようになります。また、家族にとっても、安心して外出できる機会が増えることにつながります。

車椅子の障害者でも介助犬によって豊かな生活ができる。まさに人とペットの「赤い糸」は身体障害者にとっても大切なものであるわけです。

聴導犬は聴覚障害者の生活を豊かにする

聴導犬の歴史はアメリカから始まった

200ページで、肢体不自由者のQOL（生活の質）を高める介助犬を取り上げました。ここでは、耳の不自由な人たちのために活躍している「聴導犬」を紹介します。日本の聴覚・平衡機能障害者は約44万8000人（2017年3月31日時点）。一方、そうした人たちをサポートし、活躍している聴導犬は64頭のみです（2020年4月時点）。

聴導犬は英語で「Hearing Assistance Dog」、または「Hearing Dog」と呼ばれています。その歴史にはさまざまな説がありますが、1960年代のアメリカで、耳の不自由な少女のために音を教えるように犬を訓練したのが始まりとされています。その後、行政から認可を受け、公的補助が受けられるようになりました。1975年ご

ろから聴導犬の本格的な訓練が始まっています。

日本では、1981年の国際障害者年から聴導犬の訓練が始まり、1983年に4頭のモデル犬が誕生しました。

聴導犬は、耳の聞こえない人や聞こえにくい人のために必要な情報を教え、生活を助けるように訓練された犬です。家の中では、ファクスの音、玄関のインターフォンの音、お湯が沸いている音、目覚まし時計の音、火災報知器の音、非常ベルの音、メール着信の音など。家の外では自動車やバイクの警笛、病院や薬局などでは、順番待ちで事務の人に呼び鈴を渡し、順番がきたら鳴らしてもらう音などに反応するように訓練されています。

聴導犬を訓練する費用は寄付が頼り

聴導犬として活躍している犬の種類はさまざまです。保健所や動物愛護センター、そのほか民間施設に収容された犬（子犬から生後3年くらいの成犬まで）の中から適性を見て候補犬が選ばれ、訓練が行われています。

候補犬を育てるには、社会化の訓練から始めます。聴導犬として活躍できるようになるには、音に関して適切な訓練を行う専門家が不可欠です。訓練期間は約1年半（生後約2か月で選ばれた犬の場合。成犬ではもっと短い）にもおよびます。

訓練の費用として300～600万円は必要とされています。費用は寄付を中心に集められていますが、十分とはいえません。欧米では寄付に対して税優遇制度が確立されているなど寄付の文化が根づいています。日本でも、聴覚障害者のために働く聴導犬を育成し、専門の訓練士を養成するための寄付文化や支援体制を確立すべきでしょう。

聴導犬とともに暮らすことで、必要な音を聴導犬が積極的に教えてくれるので安心して生活ができるようになった、安全に外を歩けるようになった、家族の助けを借りずにいろいろとできることが多くなったなど、聴覚障害者にとって聴導犬は、かけがえのないパートナーとなっています。このような人とペットの素晴らしい関係をさらに推進し、拡大したいものです。

盲導犬は大切な家族の一員

盲導犬は視覚障害者の歩行をお手伝い

介助犬（200ページ）や聴導犬（203ページ）といった補助犬の中でもっとも多いのが「盲導犬」です。それでも、日本には視覚障害者が約33万8000人（2017年3月31日時点）いるのに対し、盲導犬は909頭（2020年4月30日時点）しかいません。

盲導犬は視覚障害者を安全にガイド・誘導するのが役目であることはよく知られています。英語で「Guide Dog」または「Seeing Eye Dog」と呼ばれ、まさに視覚障害者の目の役割を担っているのです。

その歴史をひもとくと、かなり昔から活躍しており、視覚障害者を引っ張っている犬の姿が、イタリアに残る古代ローマ時代のポンペイの壁画や、13世紀の中国の絵画

に描かれているほか、17世紀のオランダの書籍でも紹介されています。

現在活躍している盲導犬は、第一次世界大戦中の1916年、世界で初めてドイツで誕生しました。日本最初の盲導犬は1957年に認定されたシェパード犬の「チャンピィ」です。盲導犬を育成する各団体が、長年の経験から盲導犬にもっとも適していると判断している犬種は、ラブラドール・レトリーバーやゴールデン・レトリーバーです。なぜ盲導犬に向いているかというと、やさしくておとなしく、仕事をするのが好き。人に寄り添うのに適した性格だからです。また、大型犬なので人とほぼ同じ速度で歩くことができるのも理由です。

盲導犬は視覚障害者のために、障害物を避けたり、段差や曲がり角を教えたりと、安全に歩くお手伝いをしています。道路交通法や身体障害者補助犬法という法律でもその活動が認められています。目の不自由な人といっしょに電車やバスに乗り、公共施設やレストラン、デパート、スーパーなどに入ることができます。

盲導犬は人と「赤い糸」でつながったパートナー

盲導犬を育成するには盲導犬訓練士が不可欠。盲導犬訓練士は盲導犬の訓練だけではなく、目の不自由な人と盲導犬の歩行指導も行う盲導犬歩行指導員でもあります。盲導犬とどのように歩行するかという技術的な指導だけでなく、盲導犬と生活を始めるのに立ち会い、その後も見守るという責任も負っています。

道路交通法により盲導犬には白色もしくは黄色のハーネス（胴輪）がつけられています。視覚障害者はハーネスをハンドルとして持ちながら歩行します。盲導犬にとっては「さあ仕事だ」という意識になるのがハーネスです。ハーネスは視覚障害者にとっては体の一部でもあるので、他人が触ってはいけません。

盲導犬と歩いている視覚障害者をサポートしたい、盲導犬をなでたい、おやつをあげたいと思う人もいるかもしれません。しかし、勝手な行動は慎みたいもの。飼い主にひと声かけ、了解をもらうことが大切です。

盲導犬の飼い主やその家族は、盲導犬の食事やトイレの世話、被毛の手入れ、健康管理など、大切な家族の一員としてケアすることも欠かせません。補助犬の代表ともいえる盲導犬は人にとって大切なパートナーであり、「赤い糸」でつながっている存在なのです。

病院や介護施設で活躍する「ファシリティドッグ」

病気の子どもや家族をサポートするのが仕事

「ファシリティドッグ」とは、小児がんや重い病気、あるいは強いストレスを抱えた人のために、心の支えになるように訓練された犬のこと。ファシリティは英語で「施設」「機関」などと訳されます。ファシリティドッグはその名のとおり、基本的に1か所の施設（病院や老人ホーム、介護施設など）に常勤しています。

海外では「ファシリティドッグといっしょなら採血を頑張る」「ファシリティドッグに会いたいから入院してもいい」という子どもが多くいます。子どもの笑顔や元気が出る様子を見て、子どもの世話で疲弊している家族にも笑顔と癒やしをもたらしてくれるファシリティドッグの存在は大きいものです。

たとえば、病院で重篤な病気と闘う子どもやその家族の心の支えになったり、裁判

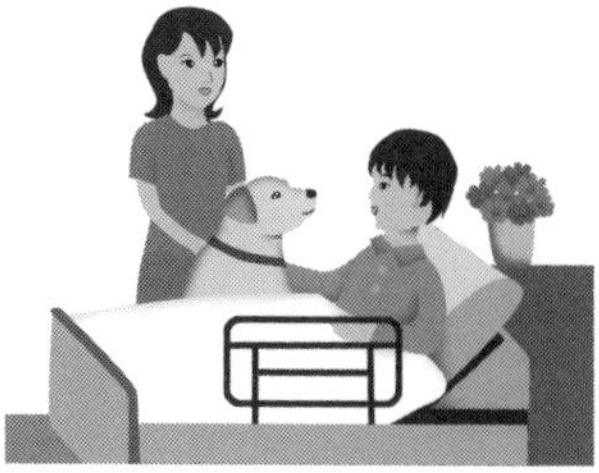

所で被害者をケアしたり、障害者の教育現場でメンタルのサポートを行ったりしています。

病院では、入院中の子どものベッドを回ったり、入院生活の援助をしたり、リハビリや注射・採血・手術室まで同行したりと、子どもの不安を軽減し、治療の手助けをするのがおもな仕事です。

健康な子どもたちが外で野球やサッカーなどをして思いっきり走り回り、ワクワクする時間を多く持てるのに対し、小児がんや重篤な病気の子どもたちが楽しむことのできる時間は限られています。そんな子どもたちに前向きな変化をもたらしてくれるのが、ファシリティドッグなのです。

ファシリティドッグによる動物介在療法は、2000年ごろに欧米で初めて導入されたといわれています。日本では2010年、静岡県立こども病院に導入されたのが最初です。ファシリティドッグのハンドラー（飼育士兼指導者）は、動物介在療法に直接携わるので、日本では看護師や臨床心理士として5年以上の臨床経験が必要とされています。

日本のファシリティドッグは3頭のみ

２０２１年5月時点で、ファシリティドッグは日本では3頭しかいません。全国の病院にファシリティドッグを普及させたいと活動している団体が「シャイン・オン・キッズ」というＮＰＯ法人です。しかしながら、病院に導入する経費は、初年度で約１２００万円。その後も年間９００万円ずつかかるといわれています。ファシリティドッグの重要性や必要性はわかっていても、経費の問題をどのように解決するかが課題となります。

アメリカでは寄付の文化が根付いており、資金が集まりやすい風土があります。日本では、経費の80％は活動に賛同する数少ない企業や個人からの寄付頼みなのが現状です。私が所属するライオンズクラブでも、チャリティーコンサートを開催し資金援助をしたことがありますが、まだまだ資金不足です。

動物介在療法をもっと推し進めるには、ファシリティドッグの重要性を広く知らしめる必要があります。同時に、行政、病院、業界、個人からの継続的な資金援助ができる体制も構築したいものです。

「わんわんパトロール」を普及させよう

愛犬が犯罪抑止に貢献

２０２０年に全国の警察が認知した刑法犯の件数は前年比13万４２５６件（17・９％）減の61万４３０３件でした。減少したとはいえ、１日約１６００件の犯罪が起こっている計算になります。犯罪が全体的に減少している理由としては、官民一体となった犯罪対策の効果があげられます。

効果的な活動のひとつが、人と犬が協力して行う「わんわんパトロール」。犯罪対策において警察犬が活躍していることは広く知られていますが、一般の飼い主とその愛犬も防犯パトロールに参加しています。世界の国々で行われていて、日本でも２０００年代から本格的かつ組織的に「わんわんパトロール」が活躍しています。

２０１９年７月、千葉県獣医師会は、千葉県警察本部生活安全部長から「子どもや女性を守る活動に深い理解を示され、わんわんパトロールを通じて見守り活動の普及促進に多大な貢献をされた」と感謝状が授与されました。

千葉県獣医師会では、会員の動物病院とともに千葉県警察本部と協力して、子どもたちが犯罪に巻き込まれないよう活動を行っています。子どもたちの登下校時などに行うわんわんパトロール運動と「わんわんパトロール隊員」登録を推進しています。

わんわんパトロール隊員の特典

わんわんパトロール運動は、小中学生の登下校の時間帯に合わせて通学路をお散歩ルートに加えてもらい、地域みんなで「見守りの目」を広げようとするものです。隊員になるには、自宅近くの千葉県獣医師会に所属している動物病院で登録します。登録申し込み期間はとくに設けず、随時受け付けています。

協力隊員になると3つの特典があります。

①マイクロチップの装着に1500円の助成がある。マイクロチップにより、愛犬の逸走や迷子を防ぎ、災害時に迅速に飼い主と愛犬の確認ができる。

②愛犬の定期健康診断に1000円の助成がある。人もペットも長寿化しているなか、1日でも長く健康寿命を延ばし、愛犬と幸福に過ごすために、定期的に健康診断を受けることが推進されている。

③飼い主と愛犬に隊員証が授与される。わんわんパトロールに参加している証しとして、飼い主には「わんわんパトロール隊員証」、愛犬には、「見守りたいワン隊員証」が与えられる。

この活動は2017年3月に松戸市で小学3年生の児童が登校中に連れ去られ殺害された事件を受け、2018年6月に始まったもの。2021年5月7日時点で、愛犬家800人と1016頭のわんわんパトロール部隊が活躍しています。

似たような活動は他県でも行われていますが、千葉県獣医師会の取り組みは、飼い主にメリットを提供する社会貢献活動になっていることが注目を集めています。各都道府県の獣医師会や警察、飼い主と愛犬の取り組みの拡大により、より犯罪防止につながることを期待したいものです。

不幸な猫を減らす「地域猫」活動

好き嫌いを含め、外猫に対してさまざまな考えを持っている人たちがいると思います。しかし、命ある猫がすぐに殺処分されてもよいと思っている人はほとんどいないはずです。

「地域猫」活動とは？

「地域猫」とは、飼い主がいない猫を地域住民が共同でケア・管理し、人と猫が共生できるようにした猫のことです。地域猫活動は、住民やボランティアの人たちが、不幸な猫をなくすことを目標にしています。

日本動物愛護協会の計算によると、ひと組のオスとメスの野良猫を放置すると、3年後には約2000頭に増えることになります。

地域猫活動のひとつに、野良猫の繁殖を防ぐためのTNR活動があります。Trap

（捕獲・保護）、Neuter（不妊去勢手術）、Return／Release（元の場所に返還）の頭文字をとったもの。自治体によっては手術のために助成金を援助したり捕獲器を貸し出したりするところもあります。

ＴＮＲよりさらに進んだＴＮＴＡ活動も行われています。「ＴＡ」は、Tame（人に慣らす）、Adopt（譲渡する）までフォローすることを意味します。こちらは明確に効果があるとされています。

ＴＮＲやＴＮＴＡ活動により不妊去勢手術を受けた猫は、手術されていない野良猫と区別がつくように、耳先に小さくV字の切り込みを入れて手術済みであることを示します。桜の花びらにも似ているので「さくら猫」とも呼ばれています。耳に印をつけることで、殺処分の対象になるのを防ぐことにもなります。

地域猫活動にはさまざまな注意点があります。公衆衛生と健康管理の面から、フードは時間を決めて与え、後片づけをしっかりと行うことが大切。フードを置いたままにすると、ほかの地域から猫が侵入してくるからです。トイレはフードを与える場所の近くに確保し、猫の糞尿処理をきちんと行うこと。人獣共通感染症への対策も必要となります。猫が民家の庭に入り排泄などをして、盆栽や花などに被害を与えないように、また、飼い猫に危害を加えないように、生活圏を守ることも大切です。

地域猫と共存共栄を図るには？

地域猫活動によって、殺処分や苦情が減り、地域住民の結びつきが深まったとの報告もあります。一方で、地域猫活動の賛成派と反対派の意見統一ができないまま活動を開始してしまい対立してしまったケースもあります。事前に十分な話し合いをし、地域猫と共存共栄する方法を見つけ出して、合意を得ることが重要です。

人は昔からさまざまな種類の動物と共存共栄を図ってきました。地域猫は、近隣住民同士のコミュニケーションにおける潤滑油ともなり、高齢者の生活のハリにつながり、子どもたちの情操教育にも役立ちます。

私はこれまでの経験から、野良猫をできるだけ家に迎え入れることをすすめています。そうすることで、感染症や交通事故から猫を守ってあげることができるからです。

ペットフード協会による２０２０年の調査データでは、外猫を家猫にすることにより、寿命も2・56歳延びることがわかっています。有効な活動を通して、地域猫と共存共栄を図り、人とペットの「赤い糸」につながることを期待したいものです。

人・動物・環境を守る「ワンヘルス理念」とは？

動物から人にうつる動物由来感染症に注意

人と動物がいつまでも健康で幸せに暮らせる社会をつくっていきたい。そのためには、人と動物に共通した病気、とくに動物由来感染症（ズーノーシス）が存在することを知っておく必要があります。「人獣共通感染症」「人畜共通感染症」「人と動物の共通感染症」などとも呼ばれています。動物から人に感染する病気をいい、動物では発症しない場合もあります。

動物由来感染症のひとつである狂犬病は、アジアや南米、アフリカなど世界に多く存在しています。日本では２０２０年にフィリピンで犬にかまれ、帰国後に発病して死亡した例があります。動物にかまれたり、引っかかれたり、動物の排泄物に触れたりして直接感染する恐ろしい病気です。いったん感染してしまうと致死率は１００％。

世界では毎年約6万人が命を落としています。日本では、狂犬病予防法に基づき、飼い犬の登録と狂犬病予防注射、鑑札や注射済み票の装着が義務付けられています。

動物由来感染症としては、狂犬病以外に、鳥インフルエンザ、ペスト、レプトスピラ症、日本脳炎、西ナイル熱など、世界保健機関（WHO）が認識しているもので200種類以上あります。とくに野生動物をペットとして飼育している場合は、病気についてわからないことが多いので注意が必要です。

最近では新型コロナウイルスが人から動物に感染、一部の動物から人にも感染したとの報告もあります。人の感染者数には及びませんが、世界で約100頭の動物が新型コロナウイルスに感染したと報告されています（2021年4月時点）。しかしながら、動物の場合は、感染しても約1週間程度で陰性になるようです。人から動物に感染しても、動物から人に感染することはまれで、一部ミンクから人に感染した例が報告されました。

犬や猫などの健康な伴侶動物との触れ合いは基本的に問題ありませんが、キスなどの過度に濃厚な接触は避け、手洗いなどはふだんから心がけたいですね。

専門家一人ひとりが「ワンヘルス」に貢献

動物から人へ感染する病気が存在し、また環境によって人と動物の両方の健康が脅かされることが多くなっている現状があります。そこで、グローバルヘルスの向上を目的に、「ワンヘルス（One Health）」の理念のもと、2015年5月にスペインのマドリードで、人間の医師と獣医師を中心にした「第1回ワンヘルスに関する世界会議」が開催されました。その後も毎年開催されています。

ワンヘルスとは、人の健康、動物の健康、環境の保全のためには、三者のいずれも欠かすことができないという認識に立った理念。それぞれの関係者が「One for All, All for One（一人はみんなのために、みんなはひとつの目的のために）」の考え方に基づいて、緊密な協力関係を構築し、活動していこうとするものです。要するに、専門家一人ひとりがそれぞれの立場で、人の健康、動物の健康、環境の保全に貢献していこうというわけです。

具体的な目的は次のとおりです。

・人の健康を守る。
・動物の健康を守る。
・感染症の発生原因となる自然破壊を止める。
・温暖化やプラスチック海洋汚染を止める。
・生態系を健全に保ち、感染症を拡大する動物の健康も同時に守る。

日本でも、ワンヘルスを理想とする街づくりに着手する動きがあります。実現すれば、国内外から注目されることになるでしょう。

動物福祉の基本概念「5つの自由」

最古の歴史を持つ英国王立動物虐待防止協会

２０１８年11月、「命の教育：海外の実例を踏まえて」と題して、動物虐待防止協会としてはもっとも歴史のある英国王立動物虐待防止協会（ＲＳＰＣＡ）の国際部長であるポール・リトルフェア氏の講演が日本で開催されました。

ＲＳＰＣＡは１８２４年設立。弱者であるすべての動物に対して、虐待を防止し、やさしさ・思いやりを奨励し、苦痛を緩和することを目的として設立された世界最古の動物福祉団体です。寄付金のみで運営され、政府からの援助はありません。２０１７年度の収入は1億４１００万ポンド（２１２億円）で、社員数は１６５０人、調査員３４０人、譲渡される動物は年間5万頭です。病院は7か所、クリニック41か所、譲渡施設51か所で、科学技術スタッフは40人にも上ります。

動物虐待は人に対する暴力と連動して起こっていることが、多くの科学的研究により示されています。「思いやりのある社会をつくり上げていくには、幼いころから命を大切にする教育を施し、心ある市民を育てていく必要性がある」とリトルフェア氏は語りました。18世紀後半から19世紀前半にかけて子どもが奴隷のように働かされた歴史や、オスの牛（ブル）と闘わせるために鼻を短くしてかむように仕向けたブルドッグのブリーディングについても紹介していました。

動物の利用は、「活用」「誤用・酷使」「悪用・虐待」の3つに分けられます。講演の中で、動物の利用場面の例をとり、参加者にアンケートが実施されました。動物福祉に関心のある人たちがセミナーに参加していましたが、判断がおのおの違い、福祉に関しての考え方はそれぞれ異なるものだと再認識させられました。

動物福祉の「5つの自由」と「5つの責任」とは?

動物福祉の基本概念に「5つの自由」という考え方があります。①飢えと渇きからの自由②不快からの自由③痛み・傷害・病気からの自由④恐怖や抑圧からの自由⑤正常な行動を表現する自由、というもの。

また、「5つの責任」として、①きれいな水と適切な食事を与える　②適切で快適な環境を与える　③予防的獣医療、迅速な診断と治療を提供する　④同種のほかの個体と適切に接触する機会などを与える　⑤人間やほかの動物と接触を避けるための避難空間を提供する、となっています。

これらを踏まえた結論として、リトルフェア氏は次のように述べました。

「動物の問題に関して、人は全員が独自の視野を持つということである。また、教員の教えることや動物への姿勢や扱いは、善し悪しは別として、子どもたちが手本とするのである。いずれにしても動物のニーズを理解し、優先することが必要だということである」

また、「幼少期の子どもの動物福祉教育は、共感を育み、理解を促進する。これらは大人になってからの姿勢を形作る要素である」と強調していました。

殺処分ゼロより飼育放棄ゼロへ

不幸なペットを出さないために

現在、引き取り手が見つからなかったり、飼い主がわからなかったりするペットが各地の保健所などに収容されています。自治体によって異なるものの、収容して約１週間で炭酸ガスによって殺処分されている不幸なペットが多くいるのは悲しいことです。不幸なペットは１９７４年度には１２２万１０００頭いましたが、２０１９年度には３万２７４３頭（犬５６３５頭、猫２万７１０８頭）にまで減ってきています。減少の理由は、動物愛護・動物福祉に力を入れている行政や諸団体の努力によるものです。今のような努力が継続されるとすれば、今後10年前後で殺処分の数はゼロに近づくことが予測されます。

国際的な動物愛護・福祉において、２２３ページで紹介したように動物の「５つの

自由」を守るという考え方があります。

不幸なペットを出さないように、人とペットはいつまでも理想的な「赤い糸」で結ばれた関係でありたいものです。ペットを愛する人は誰一人として不幸なペットが存在していいとは思っていないはずです。「欧米と比べて日本は殺処分が多い」と誤解している人が多いのですが、先進国の中で日本の殺処分数は必ずしも多くはありません。

欧米では、病気のペットを苦しめないために、飼い主みずから獣医師に安楽死を望むケースもあります。また、動物愛護・福祉の観点から、重篤で苦しんでいるペットを安楽死させる権限が獣医師に与えられている国もあります。

殺処分の問題解決への5つの提言

殺処分を減らすために、次のような解決方法を具体的に提言したいと思います。

①教育・啓発

ドイツが1841年から全国の小学校で「人とペットの共生」に関する授業を実施

している。そこで、日本全国の小学校でも、動物愛護管理法のポイントなどをわかりやすく説明する授業を実施する。「教育は人をつくる」という言葉があるように、動物愛護・福祉についても幼少期から教えることが重要。動物や人に対する思いやりが醸成できる時期を逃してはならない。

②鑑札・迷子札・マイクロチップの装着

阪神・淡路大震災や東日本大震災では、鑑札・迷子札やマイクロチップが装着されていないために、飼い主不明のペットが多く出た。ニュージーランドでは、震災後、すべての犬・猫にマイクロチップの装着を義務付けた。ペットフードを支援する場合も、子犬・子猫・成犬・成猫・高齢犬・高齢猫の数がわかれば、必要な種類と量のペットフードを提供できる。動物愛護管理法では、終生飼養を義務付けている。ペットの戸籍の代わりとして、法律で装着が定められている鑑札に加えて、迷子札やマイクロチップも義務付ける必要があると考える。

③不妊去勢手術の徹底

野良犬や野良猫によって子犬や子猫が増えることが問題になっている。不必要かつ不幸なペットを増やさないように、保護施設で動物を引き渡す場合は不妊去勢手術を実施したいもの。また、生体の販売時にも、妊娠を望まない飼い主には不妊去勢手術を行ってから引き渡すことも有効。

④殺処分ゼロから飼育放棄ゼロへ

殺処分ゼロ運動が日本では盛んだが、根本的な原因を断つ飼育放棄ゼロ運動を徹底する。ドイツなどでは、ティアハイム（動物保護施設）のペットを里親に引き渡す場合、里親の家族全員を面接し、動物を受け入れることに賛成かどうか確認する。また、ペットを譲り渡したあとも、そのペットが幸せに過ごしているかどうかをチェックしている。日本でも、ブリーダーやペット専門店、保健所、保護施設などで、家族全員の面接やその後のフォローを実施するシステムを構築していくことが必要だ。日本の動物保護団体で実施しているところもあるが、すべての施設で行われるようになることを望む。

⑤ペットを迎え入れる際の飼い主の理解

どのような種類のペットを迎え入れたらよいのかを慎重にチェックすることが大切。「こんなに大きくなるとは思わなかった」などと後悔することがないよう、将来の体形や体重、性格などを十分理解したうえで、ペットを迎え入れることが重要だ。

これらの提言を実現させ、人とペットの幸せな関係がいつまでも続く「赤い糸」の関係を構築していきたいものです。

人とペットの共生社会のために子どもの教育強化を

日本の学校におけるペット教育の現状

日本では学校で飼育されている動物が年々減少していると同時に、動物のことを教える教師が激減しています。これは、人とペットの共生社会を実現するにあたり最大の懸念材料となります。

また、日本では一部の悪徳ブリーダーがペットを不適切に取り扱ったり、殺処分ゼロ運動が重要だったりすることが頻繁に報道されます。もちろん改善すべきではあるのですが、悪徳ブリーダーや殺処分をゼロにすることが最終目標なのでしょうか？

人とペットの素晴らしい関係や、ＱＯＬ（生活の質）を高められるペットとの暮らしの重要性などは、欧米に比べればまだまだ十分に発信されていません。子どもを育てる場合、褒めるとやる気が引き出され、よい結果が出ると報告されています。同様

に、人とペットの共生によるメリットや正しい知識を普及させることが大切ではないでしょうか。

海外の飼育環境を実際に観察せずに、他人の発言や誤った情報（たとえば欧米には殺処分はない、ペットショップでは生体を販売していないなど）を信じているケースも少なくありません。

日本の獣医師の中には、海外の学会に参加し、シェルターやティアハイム（動物保護施設）、高齢者がペットと暮らしている施設を視察されている人も多く、私もごいっしょさせていただく機会がありました。そのような先生たちや視察されたボランティアの人たちは、動物介在教育、動物介在療法、動物介在活動を積極的に行っています。

共生社会を実現する教育とは？

小学校の先生にもそのような施設を視察してもらうのが理想ですが、その実現には時間がかかるように思われます。そこで、飼育頭数や飼育率が減少している日本では、視察された獣医師による「人の健康、動物の健康、環境の保全のワンヘルス（One Health）という考え方」（218ページ）に関する講演活動を提唱します。それには、ペットや獣医療関連の企業などが講演を支援するシステムを確立することが大切です。「教育」が素晴らしい産業を確固たるものとすることにつながるでしょう。

また欧米では、教室にペットを連れてきて、生態の説明やペットの果たす役割、人との共生による効用などを教えています。ストレスのかかる試験期間中には、校内で動物と触れ合う時間を設け、生徒や学生の気分転換を図ったり、ストレスを軽減したり、動物との触れ合いの大切さを教えたりしている学校もあります。

「ワンヘルス」を積極的に提唱している獣医師を中心に、学校などで子どもたちに「ワンヘルス」を教える取り組みをされることも提案します。産業界が大々的に獣医師や専門家を支援して、子どもたちへの教育や動物との触れ合い活動を行えば、人とペットの共生社会の実現に結びつくことでしょう。

子どもたちの情操教育に動物の果たす役割が大きいことを知らしめるとともに、人とペットの共生社会を担う人材を多く輩出する教育システムを、令和の時代には確立したいものです。

日本には動物介在教育が必要

ペットの死は「命」について考えるきっかけに

２０１８年、東京大学大学院農学生命科学研究所で「第11回動物介在教育・療法学会学術大会」が開催されました。とても意義深い内容だったため紹介します。

基調講演として、動物介在教育・療法学会副理事長の的場美芳子先生が「動物介在教育の再考―人が動物とどう関わるか」と題して講演をされました。動物介在療法（AAT：Animal Assisted Therapy）、動物介在活動（AAA：Animal Assisted Activity）、動物介在教育（AAE：Animal Assisted Education）を実践していくうえでの考察です。

さまざまな調査データが紹介されました。「今まで死について考えたことがあるか」を学生（専門学校・大学生）に聞いたところ、「ある」と答えた人は95％でした。「死

について考えたのはいつごろか」について、「小学生のころ」という答えがトップだったのには驚きました。また、「とくに影響を受けたのは誰の死か」の問いには、1位が「祖父母」、2位が「ペット」でした。人の死はもちろん、ペットの死によって死について考えた学生が多かったということになります。

一方、「今まで学校の授業で死について学んだことがあるか」との問いに「ある」と答えた生徒は39％に留まりました。人やペットの死を考えることは情操教育・人道教育には不可欠のようです。的場先生は、教育学者で明星大学特別教授の髙橋史朗氏の次の言葉を紹介しました。

「現代の子どもたちは、生命の痛みについて冷たく分析することはできるが、温かく実感する、共感することができない。明治以降の教育が〝目に見えるもの〟についての知識を授けることに偏り、〝目に見えないもの〟を豊かに感じ味わう感性を育てる教育を怠ってきたからである」

「ペットの死を通して生命について考えたことがあるか」の問いに、「ある」と答えた人は83％でした。自由記述には、「ペットが死ぬということは飼い主にとってとてもショックなこと。このショックが逆に人間にはとても大切なこと」「犬が幸せに死んだら、誰も恨まず、苦しい思いもしなくてよかった」「一番初めに私が出会った死というものは、ペットの死で小学生のときだった」といった回答があったと報告されました。

「命」について学んだ人の人生は豊かなものに

動物介在教育が一般の学校で行われることが日本ではほとんどないのは残念です。的場先生が監修された『ヒューメイン・エデュケーション』では、アメリカの教育委員を務めたクラクストン氏の次の言葉が紹介されています。

「すべての自然に共感し、すべての生きものにやさしく慈しみをもって接することを学んだ人の人生は、どれほど豊かで満たされたものであろう……学んでいない人にはできないことだが、その人は世界の生命の鼓動を感じ、そして宇宙とのつながりを見出して喜びを感じるのである……」

動物介在教育に関しては、的場美芳子先生や日本動物病院協会元会長の柴内裕子先生による講演などを一度お聴きになることをおすすめします。

動物を通して子どもの心をケアする施設

アメリカの子どもの支援施設「グリーンチムニーズ」

数年前、アメリカ・ニューヨーク郊外のブリュースターにある施設を訪問したことがあります。動物や植物との触れ合いを通して、子どもたちの心のケアを行い、生きる活力を与えて、自立を支援する素晴らしい施設「グリーンチムニーズ」です。

約67万5０００坪の広大な敷地を有する児童養護施設で、グリーンの煙突をシンボルとして「グリーンチムニーズ」と呼ばれています。70年ほど前にサミュエル・ロス博士によって創設されました。

敷地には、ファーム（農場）や寮、学校、幼稚園、図書館、食堂、植物園、野生動物保護センター&リハビリテーションセンター、ヘルスセンターなどがあります。

この施設では、学校や地域でケアすることができない子どもたち約２００人（5〜

18歳）の心のケアを行っています。約100人は、24時間監視態勢が整う敷地内の寮（一人部屋）で暮らし、残りの約100人は自宅から通っています。ひとつのクラスは8～12人で、教師の目が十分に行き届くようになっています。

自閉症やアスペルガー症候群、発達障害、虐待によるトラウマ、注意欠陥・多動性障害（ADHD）、胎児性アルコール症候群、強迫性障害、そのほかの合併症などを持つ子どもたちを受け入れています。子どもたちにはほぼ全員学習障害があります。

また、子どもだけでなく、虐待を受けて傷つけられたペットやけがをした野生動物の保護・ケアも行っています。施設には専門の教師や精神科医、獣医師、看護師、農場スタッフ、食堂スタッフ、ソーシャルワーカーなど約600人のスタッフやボランティアが働いています。

心が傷ついた子どもたちのケアをするために取り入れられているプログラムが、動物の世話をしたり触れ合いの機会を提供したりすることです。これにより愛情を持って世話をする大切さやコミュニケーションの重要性を学んでいます。このプログラムを通して心のケアを図り、約1年半から2年間で通常の学校や地域社会へ復帰することをめざしています。

グリーンチムニーズの素晴らしい運営方針

施設には、子どもたちの復帰を手助けしている犬や猫をはじめ、ウサギやヒツジ、ヤギ、豚、馬、ラマ、ロバ、クジャク、アヒル、ニワトリ、フクロウ、コンドル、ワシ、ラクダなど、約200種類の動物がいます。

施設で大切にしている方針は、「子どもたちは好きなことをすれば伸びる」ということ。動物が好きな子は、動物の話を聴いたり、動物を世話する機会を与えることにより率先して動物のことを調べたり、学習したりするようになります。また、オーガニックガーデンもつくられていて、動物が苦手な子は、植物に触れ、野菜の有機栽培にも参加しています。野菜を育て始めて収穫までの数週間から数か月が、「待つ」という忍耐力の醸成にもつながっています。

グリーンチムニーズは70年の長きにわたり、子どもたちの心に寄り添ってきました。動物介在療法や動物介在教育を通して、子どもたちの地域社会への復帰に尽力しています。この素晴らしい活動に敬意を表するとともに、日本でもこのような施設の実現を願うのは、私だけでしょうか。

ペットと共生できる集合住宅をもっと増やそう

ペットを飼えない最大の理由は「集合住宅で禁止されているから」

人がペットとともに暮らすことは、肉体的・精神的な健康面、教育面、平和推進、幸せ創造において、さまざまな効用があることを本書では紹介してきました。しかしながら、２０２０年のペットフード協会の調査によると、ペットの飼育を阻む最大の要因は、「集合住宅に住んでいて、禁止されているから」であることが判明しています。

とくに、「猫を飼っていない&飼育する意向あり」の人たちの中で、もっとも多い30%の人が、「現在飼育していない理由」（複数回答）として「集合住宅に住んでいて、禁止されているから」と答えています。そのうち、「現在飼育していない最大理由」（単一回答）としてあげた人は、26・6%にも上りました。

一方、「犬を飼っていない&飼育する意向あり」の人たちでは、ペットの飼育を阻む要因として、やはり「集合住宅で禁止されているから」(複数回答)をあげています(26・8%)。そのうち、「現在飼育していない最大理由」(単一回答)とした人は、22・9%でした。

すなわち、ペットを飼育できない要因として、「集合住宅に住んでいて、禁止されているから」を最大理由(単一回答)としてあげた人は猫26・6%、犬22・9%で、ペット飼育の阻害要因の中でもっとも高い数字だったわけです。

ペットといっしょに暮らせる集合住宅はもっと増えていい

現在、ペットと暮らすことができるマンションや集合住宅は、「ペット可」として売り出されています。今や大切な家族の一員となっているペットの共生住宅として売り出すなら、もっと表現を工夫してほしいところ。「愛犬オーナーマンション」「愛猫オーナーマンション」「人とペットの絆マンション」「人とペットの共生マンション」「ウサギオーナーマンション」「小鳥・小動物オーナーマンション」など、夢のあるネーミングをつけてもらいたいものです。

現在、ペットと住めるマンション・集合住宅の供給率は、都道府県により異なるものの５～10％前後と推定されます。一方、これからペットとの共生を考えている人の割合（飼育意向率）は犬で19・４％、猫で15・５％となっています（２０２０年調査）。これを考慮すると、現在よりもっとペットとの共生住宅が増えてもよい計算になります。

私がペットフード協会の会長だった時代、おもな住宅メーカーに協会の調査データを添えて、ペットとともに住めるマンションを積極的に供給してほしい旨の嘆願書を送ったこともあります。

近年、ペットといっしょに暮らせるマンション・集合住宅は増えつつありますが、まだまだその供給がペットを愛する人たちのニーズを満たしていないのが現状です。

今後供給する住宅はもちろんのこと、現在のマンション・集合住宅のペット飼育禁止条項についても、人にとってさまざまな効用やＱＯＬ（生活の質）を高める意味でも、再考する時期にきていると考えます。

ペットと一生暮らせる「タイガープレイス」

高齢の人とペットをケアする施設がアメリカに

日本が超高齢化社会といわれるようになって久しいですが、２０２０年９月20日に総務省が公表した統計では、65歳以上の日本の高齢者人口は３６１７万人で、総人口の28・７％と過去最高を更新。先進諸国の中でもっとも高齢化が進んでおり、２０４０年には35・３％となる見込みです。また、高齢化の進展とともに、認知症患者の数も増加しており、内閣府の推計では、２０２０年の65歳以上の認知症有病率（人口に対する病気の人の割合）は16・７％、約６０２万人となっています。さらに、２０６０年の有病率は24・５％、約８５０万人と予測されています。

ペットフード協会が２０２０年に行った調査によると、60代から70代の高齢者で「ペットと暮らし、生活に癒やし、安らぎがほしい」と考える人は、32～37％（複数回答）

と、ペットを飼いたい理由の中でもっとも高い数字となっています。欧米では、ペットと暮らすことで認知症の予防にもつながるという研究データも発表されています。

高齢者の中には、有料高齢者ホームやサービスつき高齢者向け住宅に移り住み、愛するペットとともに暮らしたいと思っている人が多くいます。しかし、高齢者施設のほとんどがペットを受け入れていません。ペット愛好家の高齢者にとって、まだまだ日本はペットとともに暮らすハードルが高いと言わざるを得ないのです。

そんな高齢者のニーズを満たす素晴らしい施設がアメリカにあります。アメリカでも65歳以上の人口が急増していますが、人とペットのどちらが先に逝っても、最後まで面倒を見てもらえる理想的な施設となっています。

その施設とは、ミズーリ州コロンビアにある「タイガープレイス」。設立・運営に携わっている責任者で、IAHAIO（人と動物の相互作用国際学会）前会長のレベッカ・A・ジョンソン先生は、これまで何回か来日し、全国で講演会も開催されています。タイガープレイスのような高齢者住宅で暮らすことにより、伴侶動物とともに年齢を重ね、人もペットもQOL（生活の質）を高めることができます。高齢者が息を引き取る寸前まで、自分のベッドで愛するペットとともに過ごせます。残されたペットをほかの入居者が引き取る配慮もなされています。講演会や私が企画したツアーの参加者は、タイガープレイスに住み、ペットとともに老後を迎えたいと口々に語っていたのが印象的でした。

ペットの存在が高齢者を元気にする

私が外資系のペットフードメーカーの社長だったころ、日本動物病院協会（JAHA）と協力して犬を高齢者施設に寄贈したことがあります（左ページの写真）。施設で暮らす人たちがワンちゃんと面会した途端、満面の笑みでワンちゃんに触れ、入所者同士の会話も弾むようになったのです。

ペットフード協会が2016年に「高齢者とペット飼育の効用」についてアンケートを行いました。「情緒が安定するようになった」（犬50・3%、猫46・3%）、「寂しがることが少なくなった」（犬49・7%、猫47・1%）、「運動量が増えた」（犬46・6%、猫24・5%）、「社交的になった」（犬31・2%、猫20・6%）とさまざまな効用があることがわかりました。

超高齢化社会をリードする日本だからこそ、先進諸国のモデル地域になるべく、高齢者がペットと安心して暮らせる世の中になるよう努力すべきではないでしょうか。そのためには、ペットと同居できる高齢者施設が増えたり、ペットのケアワーカーを増やしたりする努力が必要でしょう。

高齢者が比較的感情の安定した成犬・成猫や高齢ペットを飼育することを推進するアメリカの「シニアにはシニアペットプログラム」、タイガープレイスのような高齢者が死の寸前までペットと暮らせる高齢者住宅など、海外から学ぶことは多くあります。

高齢者がペットの里親になることを制限するのではなく、高齢者がペットと暮らすことで、医療費の削減や、高齢者の老後がより豊かになるペットとの暮らしを推進することが大切です。政府や自治体、業界団体、愛護・福祉団体がともに知恵を出し合いながら、高齢者とペットの共生を支援するインフラを整備し、世界に誇れる「人とペットの真の共生社会」を実現したいものです。

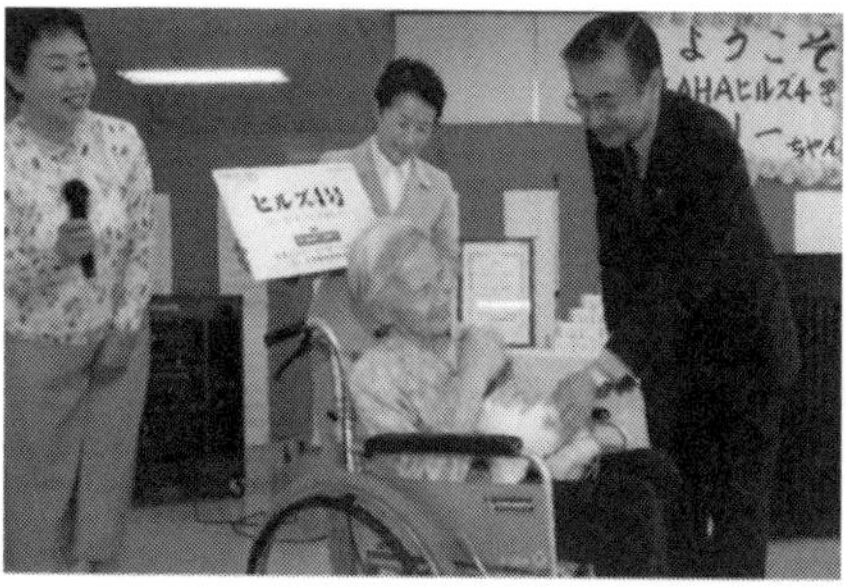

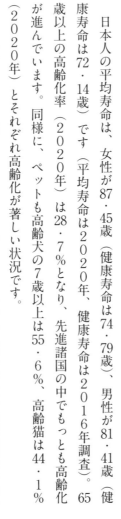

人とペットの老老介護にどう対処する？

人とペットの老老介護問題を解決する5つのポイント

日本人の平均寿命は、女性が87・45歳（健康寿命は74・79歳）、男性が81・41歳（健康寿命は72・14歳）です（平均寿命は2020年、健康寿命は2016年調査）。65歳以上の高齢化率（2020年）は28・7％となり、先進諸国の中でもっとも高齢化が進んでいます。同様に、ペットも高齢犬の7歳以上は55・6％、高齢猫は44・1％（2020年）とそれぞれ高齢化が著しい状況です。

高齢者がペットと暮らすメリットは多くあります。「血圧の安定」「認知症の予防」「情緒の安定」「ストレスの減少」「責任感の醸成」「寂しさの減少」「失語症の予防」「健康寿命の延伸」などがあげられます。

しかし近年、高齢者と高齢ペットの老老介護の問題が大きくクローズアップされるようになってきました。老老介護の対処のしかたや問題解決には次のような5項目が考えられます。

①ペットを迎え入れる際には、まず飼い主自身とペットの年齢および平均寿命を確認し、生涯にわたるペットのケア計画を立てることが大切。犬の平均寿命は14・48歳、猫の平均寿命は15・45歳（2020年調査）。高齢者がペットを迎え入れる場合は、子犬や子猫より、性格が安定し社会性がある成犬・成猫あるいは高齢犬・高齢猫と暮らすのがおすすめだ。また、高齢者の力でもコントロールできる超小型・小型犬や猫、ウサギ、小鳥などの小動物と暮らすのがいいだろう。

②高齢者がペットと暮らすメリットを考えると、健康でペットのケアができる間は、できるだけ自宅で犬との散歩や高齢ペットの世話をするのが理想。時にはペットの訪問看護サービスを受ける方法もある。

③現在、一人暮らしの高齢化率（2020年推計）は、女性が22・4％、男性が15・5％。高齢者の見守りサービスを含め、ペットのケアや散歩代行サービスなどを積極的に活用したい。ペットも高齢化により、食事を摂ることができなくなり、排泄

困難や床ずれ、夜鳴きを含む認知症、高齢にともなうがんや心臓病などを患《わずら》う。獣医療、療法食の活用、介護など、さまざまなケアが必要になる。高齢者がペットに寄り添うことができなくなった場合を想定し、家族や親戚、友人、里親制度実施団体、かかりつけの動物病院、信託制度実施団体など、誰にペットの介護をしてもらうか、将来のことを予測し決めておきたい。

④アメリカの「タイガープレイス」（242ページ）のように、高齢者がペットといっしょに一生暮らせるような、人とペットの両方のケアが充実した施設に入居する。24時間、365日常駐の職員による相談、緊急対応・支援が可能な施設を選ぶ。

⑤長く暮らしてきたペットと高齢者を引き離すのはおすすめできないが、高齢者が認知症になった場合などは、ペットをケア施設に預けることも必要。このような施設は、高齢者が毎日ペットと会えるように、高齢者施設に隣接して設置されていると、より理想的だ。

高齢者とペットの暮らしをできる限り長く支援できるインフラの整備。これこそが、人とペットの真の共生社会の実現につながるはずです。

動物看護師が国家資格に

動物看護師の仕事とは？

２０２０年時点で、民間の資格認定を受けて「動物看護師」として働いている人が日本全国で約2万人います。「ベテリナリー・テクニシャン（ＶＴ）」「ベテリナリー・ナース（ＶＮ）」「アニマル・ヘルス・テクニシャン（ＡＨＴ）」などとも呼ばれます。

動物看護師のおもな仕事は、獣医師の指示を受けて行う診療補助です。動物の疾病予防や、病気・症状に応じてさまざまなケアを行う知識と技能が要求されます。具体的には、診察時に動物が動かないように押さえておく（保定）、治療や診察器具の準備、手術のサポート、消毒、カルテ作成、体温や脈拍の測定、食事指導、入院動物の食事管理や世話、血液や糞便などの検体検査、検査結果について飼い主への説明、薬の管理、清掃・洗濯、受付・会計業務、電話対応、飼い主との密なコミュニケーションな

ど多岐にわたります。

このような重要な役割を担う動物看護師を国家資格とする「愛玩動物看護師法」が２０１９年６月21日に参議院本会議において全会一致で可決・成立しました。２０２２年５月１日に施行されます。２０２３年の２月末から３月ごろに第１回目の国家試験が実施され、「愛玩動物看護師」の第１期生が誕生する予定です。

この国家資格制度の成立にあたっては、業界関係者の多くが陳情に名を連ね、関係各位のご尽力がありました。とくに長年国家資格化に向けて活動をしてきた、日本動物看護職協会の横田淳子会長と、日本動物衛生看護師協会会長兼日本動物看護職協会動物看護師国家資格化推進委員会の山崎薫委員長、下薗恵子副委員長の熱意とご尽力により、法案成立にいたったといっても過言ではありません。

獣医師と配偶者を対象にしたセミナーを実施

私も外資系ペットフードメーカーで働いていたときに、獣医師の先生を助けるAHTの人たちと、動物病院で働いている獣医師の配偶者を対象にした「AHT・奥様」セミナーを１９９０年代から実施してきました。獣医療をサポートする動物看護師と獣医師の配偶者が果たす役割は大きなものです。動物の食事管理を含めたさまざまな教育や応対マナー、飼い主とのコミュニケーションの取り方などをアドバイスすることで、動物看護師と配偶者を支援したいという想いがありました。

セミナーの効果があったからでしょうか、食事管理を専門に行う別棟をつくった動物病院もあります。また、ペット栄養管理士やペットフード販売士の資格を持つ動物看護師が、飼い主へ動物の栄養管理の相談を行ったり、動物の健康な体をつくる適切な栄養指導をしたりして、ペットフードの売り上げを飛躍的に伸ばしています。

愛玩動物看護師という国家資格が成立したことで、動物看護師の質の向上が期待されています。獣医師の指示を受けて、愛玩動物看護師がマイクロチップの挿入や採血、投薬などもできるようになります。また今後は、大型犬を保定するために体が大きく力の強い看護師の増加も期待されています。

国家資格化によってより質の高い動物看護師が輩出されれば、年収を含む待遇面が改善され、「夢のある職業」として愛玩動物看護師が多く活躍する時代がやってくるでしょう。

健康・平和・教育を包含した「幸せ創造産業」

人とペットを結ぶペット産業の未来は明るい

健康寿命を延ばすのにペットが貢献していることを理解している日本人はまだ少ないのが現状です。犬と散歩している人たちの健康寿命をペットを飼っていない人と比較すると、男性の場合は0・44歳、女性は2・79歳長いというデータがあります（2014年調査）。また、欧米の調査データでは、ペットとの暮らしで国の医療費が8〜10％削減できることが発表されています。

欧米のケースをあてはめた場合、日本の医療費約43兆円（2020年度）のうちの約4兆円が削減できる可能性があります。さらに、ペットとの暮らしで幸せホルモンであるオキシトシンが、人にも犬・猫にも分泌されることがわかっています。この意味で、ペット産業は「健康産業」といえます。

子どもにとっては、ペットの飼育が情操面の成長を促すとともに、〝思いやりの心〟を育むことに貢献しています。子どもの非行の予防につながるというアメリカでの発表や、不登校の回数が減少したというイギリスでの報告もあります。子どもたちが動物に向かって本を読み聞かせることで、読み聞かせの能力が2段階上昇するというアメリカのデータからも、ペット産業は「教育産業」でもあります。

日本とロシアの首脳会談はなかなか進展していないように見えます。しかし、2012年に秋田県の佐竹敬久知事が、東日本大震災の復興支援のお礼として、ロシアのプーチン大統領に秋田犬の「ゆめ」を贈りました。その返礼として、翌年、サイベリアンというロシアの猫「ミール」（ロシア語で「希望」の意味）が知事に贈られました。このような動物外交に見られるように、ペット産業は「平和産業」ともいえます。

犬、猫、ウサギ、馬などの伴侶動物をはじめ、観賞魚や小鳥、フェレット、ハムスターなど、たくさんの種類のペットが存在します。家族の一員としてペットを「ひとり」「ふたり」と人間と同じように呼ぶ人たちもいます。ペットは私たちに笑いや喜び、安らぎや慈しみ、癒やしや慰め、やる気や元気を与えてくれます。同時に、人間同士のコミュニケーションの潤滑油に、そして人の心と体の健康に寄与してくれるかけがえのない存在になっています。ペット産業は、究極的には「幸せ創造産業」なのです。

ペット産業がめざすべきビジョン

このようにさまざまな産業分野で貢献できるペット産業の未来は明るいといえます。この素晴らしいペット産業を発展させていくには、すべての業界およびヘルスケア関係者と教育機関、政治家や関連省庁の力もお借りして、総合的な取り組みが必要です。ペットを飼っている人・いない人の理解と協力もお願いしたいところです。

ここで、ペットフード協会会長時代に私がつくったペット産業のビジョンを紹介しましょう。

「人とペットの〝真の共生〟をめざし、ペットが人に与えてくれる〝生きる元気〟や〝心身の健康〟を業界が一丸となって発信することにより、人類が生命あるものすべてに温かい思いやりの心を持ち、笑顔あふれる〝ペットとの幸せな暮らし〟と〝やさしい社会〟を実現する」

これが実現し、人とペットの関係がよりよい形で深まることを切に祈ります。

令和時代における人とペットの理想郷とは？

飼育実態調査から問題点が見えてくる

ペットフード協会が発表した「２０２０年全国犬猫飼育実態調査結果」を振り返りながら、本書の締めくくりとして、令和時代における人とペットのあり方を考えてみましょう。

ペットの健康管理において重要な予防や治療を含めて、最近1年間に動物病院に行った回数は、犬を飼っている人で0～1回までが31・2％、猫を飼っている人で60・6％でしたが、年4回は健康診断をしてほしいところ。

災害時、誰のペットか判別したり、健康管理をしたりするのに役立つマイクロチップ。装着していない率は74・1％でした。法律で接種が義務付けられている狂犬病予防接種率も86・2％に留まっています。

犬や猫の入手方法として、保護施設のシェルターの存在を知らなかったのは、犬を飼っている人が57・7％、猫で51・5％と想像以上に高い数字が出ました。

ペットを飼育しない理由（複数回答）は次のとおり。犬の場合、「集合住宅に住んでいて、禁止されているから」（26・8％）、「旅行など長期の外出がしづらくなるから」（26・7％）、「別れがつらいから」（24・2％）、「十分に世話ができないから」（23％）、「お金がかかるから」（21・9％）、「死ぬとかわいそうだから」（21・7％）、「最後まで世話をする自信がないから」（18・2％）、「以前飼っていたペットを亡くしたショックがまだ、癒えていないから」（14・7％）、「散歩をするのが大変そうだから」（14・3％）といった声が複数回答で寄せられました。単一回答では「集合住宅」に関する項目が22・9％でもっとも高い結果でした。猫の場合もほぼ同じような回答です。

問題を解決するためのインフラ整備とは？

特筆すべきは、犬・猫ともに「集合住宅に住んでいて、禁止されているから」がもっとも高く、「アレルギーの家族がいるから」も比較的多い回答だったことです。これらの回答から、適切な施策を打つことにより、人とペットの共生社会は実現できると考えられます。集合住宅では「愛猫・愛犬オーナーマンション」「人とペットの絆マンション」などのブランド住宅が出現してほしいところです。

公共交通機関でも、人とペットのマナー向上を目的とした公的資格制度を導入すれば、たとえば、バスの3台に1台、電車の1両目はペットといっしょに乗車できるようなインフラを整備できるはず。お金がかかることは事実ですが、欧米のデータから見積もると、ペットと暮らすことで、日本の医療費（2020年度は約43兆円）のうち約4兆円は削減できます（116ページ）。

赤ちゃんのころからペットと暮らせばアレルギー疾患の発症が抑えられる事実を積極的に発信。全国の小学校で「人とペットの共生」に関する授業を確立。ペットロスホットラインを動物病院やペット専門店、ペットフードメーカーなどに開設。高齢者が安心してペットと暮らせる支援制度を構築。ワンヘルスを推進する街づくりを世界で初めて実現し、国内外から視察に訪れる「人とペットの理想郷」づくりなど、人生100年時代を迎える令和の時代に、有効な施策を推進していきたいものです。

○おわりに

本書を最後までお読みくださり、ありがとうございました。

さまざまなペットの紹介とともに、ペットが人の精神と肉体に素晴らしい効用をもたらしてくれることを少しでもご理解いただけたら幸いです。また、ペットに愛情を持って世話をすれば、動物は必ずそれに応えてくれます。

現在は、コロナ禍の時代。倒産や失業者が増えており、とくに女性の自殺者の数が増えています。その一方で、コロナ禍において自宅で過ごす時間が多くなり、ペットに癒やしを求める人が増えています。２０２０年、新たに人と暮らし始めた犬は前年比14%増の46万２０００頭。猫は前年比16%増の48万３０００頭になり、過去5年間で最高の伸び率と飼育頭数になりました。しかし、倒産や失業、その他の理由により、ペットの飼育を放棄する方も残念ながら増えているのが現状です。

人とペットの素晴らしい関係をこれからも維持・発展させていくには、本書の中でも触れたように、「人の健康、動物の健康、環境保全（ワンヘルス）」を実現する必要があります。

現在、私はワンヘルスを具現化する街づくりのプロジェクトに参画しています。国内はもちろんのこと、海外からも視察に来ていただけるように、また、ワンヘルスのアドバイス・コンサルティングがアジア太平洋地域で実施できるようにしたいと考えています。

「人とペットの赤い糸」の連載コラムの執筆の際、取材にご協力いただきましたすべての皆様、団体、企業様に御礼申し上げます。とくに貴重なご助言をいただきました東京都立大学名誉教授の星旦二先生、日本動物病院協会元会長で赤坂動物病院総院長の柴内裕子先生、清水動物病院の清水宏子先生、タムラ中央動物病院院長の田村幸生先生、三鷹獣医科グループ・新座獣医科グループ院長の小宮山典寛先生に感謝いたします。

また、コラムを執筆する機会をいただきました（2017年当時）、産業経済新聞社 夕刊フジ新規事業推進室長の山本俊尚様、夕刊フジ編集局の磯西賢様、素晴らしいイラストをご担当していただいた田中由布子様、本書の発行にご指導・ご尽力いただきました学研プラスの酒井靖宏様、ワン・パブリッシングの冨田理恵様、編集者の米田政行様、デザイナーの小倉万喜子様に心から感謝申し上げます。

最後に、本書が人とペットの関係の理解に少しでもお役に立ち、お読みいただいたすべての皆様のご協力で、ワンヘルスの街づくり・人とペットの理想郷を具現化できる日がくることを夢見ながら筆をおかせていただきます。

2021年5月吉日

一般社団法人　人とペットの幸せ創造協会　会長
一般社団法人　ペットフード協会　名誉会長
越村義雄

著者

越村義雄（こしむら・よしお）

新潟県出身。NTT系列の電気通信分野の海外コンサルティング会社で海外営業部門の業務に従事した後、1978年6月に日本コルゲート・パルモリーブ株式会社（現、日本ヒルズ・コルゲート株式会社）に入社。同社の代表取締役社長を経て、親会社のコルゲート・パルモリーブカンパニーの子会社、ヒルズ・ペットニュートリション・インクの副社長・アジア太平洋地域の社長を務めた。2009年に一般社団法人ペットフード協会、ペットフード公正取引協議会の両会長に就任。ペットフードに関連する資格試験制度の確立、人とペットの豊かな暮らしフェアをテーマとした、日本最大のペットの展示会「インターペット」をメッセフランクフルト ジャパン株式会社とともに立ち上げた。2015年に一般社団法人 人とペットの幸せ創造協会、国際ビジネスコンサルティング株式会社を立ち上げ、代表取締役社長および会長を務める。そのほかにも2021年現在、一般社団法人ペットフード協会名誉会長、ワールド・ヘルスケア株式会社代表取締役会長、ペットとの共生推進協議会シンポジウム実行委員長、一般社団法人日本ペット栄養学会監事、一般財団法人日本ヘルスケア協会理事、ペットとの共生によるヘルスケア普及推進部会部会長を務めるなど、ペット業界の第一線で精力的な活動を展開している。教育面では帝京科学大学非常勤講師、ヤマザキ動物看護専門職短期大学非常勤講師のほか、昭和女子大学をはじめさまざまな大学での講演を含めて、ペット関連業界で活躍が期待される学生の育成にも尽力している。

ブックデザイン　小倉万喜子
イラスト　田中由布子
編集協力　米田政行（Gyahun 工房）
校閲　ケイズオフィス
協力　産業経済新聞社、冨田理恵（ワン・パブリッシング）、田中由布子、伊藤悦子

＊本書は夕刊紙『夕刊フジ』において
2017年10月から2020年1月に掲載された
同名タイトルの連載から抜粋し、加筆修正したものです。
原稿の内容は基本的には連載時と変わりませんが、
一部を2021年5月時点の情報に更新しています。

参考文献・資料
渋谷寛・監修『ねこの法律とお金』（廣済堂出版）
一般社団法人ペットフード協会　全国犬猫飼育実態調査
ペットとの共生推進協議会『笑顔あふれるペットとの幸せな暮らし』小冊子
一般財団法人日本ヘルスヘア協会『ひとの心とからだに良いペットとの暮らし』小冊子
人と動物の関係学研究チーム『ペットがもたらす健康効果』（社会保険出版社）

人とペットの赤い糸
人もペットも幸せになれる72のヒント

2021年7月13日　第1刷発行

著者　越村義雄
発行人　中村公則
編集人　滝口勝弘
編集担当　酒井靖宏
発行所　株式会社 学研プラス
〒141-8415　東京都品川区西五反田2-11-8
印刷所　中央精版印刷株式会社

●この本に関する各種お問い合わせ先
本の内容については、下記サイトのお問い合わせフォームよりお願いします。
https://gakken-plus.co.jp/contact/
在庫については　Tel 03-6431-1250（販売部）
不良品（落丁、乱丁）については　Tel 0570-000577
学研業務センター　〒354-0045 埼玉県入間郡三芳町上富279-1
上記以外のお問い合わせは　Tel 0570-056-710（学研グループ総合案内）

© Yoshio Koshimura 2021 Printed in Japan

本書の無断転載、複製、複写（コピー）、翻訳を禁じます。
本書を代行業者等の第三者に依頼してスキャンやデジタル化することは、
たとえ個人や家庭内の利用であっても、著作権法上、認められておりません。

学研の書籍・雑誌についての新刊情報・詳細情報は、下記をご覧ください。
学研出版サイト https://hon.gakken.jp/